大学科普丛书

第一辑 潘复生主编

Finding Fantastic Animals

动物世界奇遇记

汤 波◎著

杨燕青◎绘

科学出版社

北京

图书在版编目(CIP)数据

动物世界奇遇记/汤波著；杨燕青绘. —北京：科学出版社，2018.4
（大学科普丛书）
ISBN 978-7-03-056691-1

Ⅰ. ①动… Ⅱ. ①汤…②杨… Ⅲ. ①动物-普及读物 Ⅳ. ①Q95-49

中国版本图书馆 CIP 数据核字（2018）第042082号

丛书策划：侯俊琳
责任编辑：张　莉　刘巧巧 / 责任校对：何艳萍
责任印制：吴兆东 / 封面设计：有道文化
编辑部电话：010-64035853
E-mail：houjunlin@mail. sciencep. com

科学出版社出版
北京东黄城根北街 16 号
邮政编码：100717
http://www.sciencep.com
北京厚诚则铭印刷科技有限公司印刷
科学出版社发行　各地新华书店经销
*
2018 年 4 月第　一　版　开本：720×1000 1/16
2025 年 2 月第六次印刷　印张：15 1/4
字数：210 000
定价：48.00元
（如有印装质量问题，我社负责调换）

总　序

人类历史是一部探索自然和社会发展规律的编年史。无论是混沌朦胧的原始社会，还是文明开化的现代社会，人类对自身的所处所在都充满了与生俱来的天然好奇心。在历史发展的长河中，通过不断地传承、质疑、探索、扬弃，人类在认知自我、认知自然、认知社会的过程中集聚了强大的思想动能，为凸显人类理性光辉、丰富人类精神生活、推动人类社会持续进步提供了有力的精神武器。科学，作为运用范畴、定理、定律等形式反映现实世界各种现象的本质、特性、关系和规律的知识体系，既可以解释已知的事实，也可以预言未知的新的事实，在人类文明发展中始终扮演着重要的角色，随着人类对未知世界深入探索，在当今以至未来社会，科学知识的普及和传播必将发挥越来越重要的作用！

2016 年 5 月 30 日，习近平总书记在全国科技创新大会、两院院士大会、中国科学技术协会第九次全国代表大会上发表重要讲话，提出了“到新中国成立 100 年时使我国成为世界科技强国”的奋斗目标。总书记还强调，“科技创新、科学普及是实现创新发展的两翼，要把科学普及放在与科技创新同等重要的位置。没有全民科学素质普遍提高，就难以建立起宏大的高素质创新大军，难以实现科技成果快速转化。希望广大科技工作者以提高全民科学素质为己任，把普及科学知识、弘扬科学精神、传播科学思想、倡导科学方法作为义不容辞的责任，在全社会推动形成讲科学、爱科学、学科学、用科学的良好氛围，使蕴藏在亿万人民中间的创新智慧充分释放、创新力量充分涌流。”从中可以看出：科学普及不仅是推动经济发展、提升公民科学素养的必要手段，而且也应该成为高等院校和科研机构服务社会的重要职责。

在当前国内科普图书市场上，原创科普佳作依然难得一见，广受关注和好评的还多数是引进版，这与我国科研水平快速提升的现状极不相称。近年来，科学普及受到全球各国政府、社会组织以及公众的高度重视，形成了快速发展态势，科学普及工作也有了很多新的变化。在现代科学传播理念的指引下，科学普及既要关注科学的产生、形成、发展及其演变规律，包括人类认识自然和改造自然的历史；也要关注自然界的一般规律、科学技术活动的基本方法和科学技术与社会的相互作用等问题。科学普及不仅要传播自然科学和人文社会科学知识，更要积极引导公众在德、智、体、美等方面的全面发展。因此，需要不断创新，务求实效。

由重庆市科学技术协会主管、重庆市大学科学传播研究会主办、面向全国的《大学科普》杂志，自2007年创刊以来，始终以“普及科学知识，创新科学方法，传播科学思想，弘扬科学精神，恪守科学道德”为己任，致力于推动大学与社会的结合，通过组织全国科学家解读科学发现和技术发明，创作高水平的科普文章和开展丰富多彩的科普活动，激发公众的科学热情，传播科学精神和创新精神，在全国科普界独树一帜，影响深远，为提升全民科学素养做出了积极的贡献。

十年磨一剑，砺得梅花香。《大学科普》杂志围绕广受公众关注的科技话题，通过严谨而细致的长期打磨，积累了丰富的高校科普资源，全国一大批科技工作者由此走上科普创作之路，在此基础上，组织一套原创科普佳作可谓水到渠成。科学出版社对科普工作高度重视，双方经过一年多的合作策划，形成了明确的丛书组织思路，汇集了全国众多来自高等院校和科教机构的优秀科普专家，以科学技术史、科技哲学、科学学、教育学和传播学等学科为支撑，将自然科学、工程技术科学和人文社会科学等融合传播，力求带给读者全新的科学阅读体验，真正起到激发科学热情、传播科学思想、弘扬科学精神的作用。在此，我们也热忱期待有更多科学家和科普工作者加入这一行列，为全民科学素养的提升、为国家创新发展贡献出智慧和力量！

中国工程院　院　士
中国材料研究学会　理事长
吉林大学　校　长
李元元

2017年3月20日

前　言

从20世纪80年代初“超级鼠”诞生开始，基因工程技术、体细胞克隆技术、干细胞技术和基因编辑技术等新的生物技术不断涌现和发展，科学家通过不断创新和不懈努力，创造出一大批具有重大创新价值和应用前景的高科技动物，一次次突破人们对生命的认知局限，又让人们感受到这些神奇的高科技动物给人类健康带来的巨大希望。

笔者长期从事动物生物技术研究工作，面对每项生物技术的新突破和每个高科技动物的诞生，都无比激动和兴奋，更为科学家们的奇思妙想和敢为天下先的创新精神所折服。从2015年开始，笔者陆续在《科学画报》、《南方周末》、《我们爱科学》、《科学24小时》、《北京日报》、“知识分子”等媒体撰写科普文章和科技报道数十篇，希望结合专业知识，用公众容易理解的语言，向公众特别是青少年朋友介绍这些神奇的高科技动物及其背后科学家们的创新故事。

不久，笔者又萌发了写一本科普书来系统介绍这些神奇动物的想法。当然，过去几十年，科学家们创造的高科技动物不计其数，不可能一一介绍，更何况这些高科技动物都是由世界不同国家的科学家创造的。如何将这些分散在世界各地的神奇动物有机地组织起来呢？

受科学出版社科学人文分社社长侯俊琳的启发，笔者在书中设想了一个“神奇动物世界”主题公园。为了建设这个主题公园，唐小迪一家开启了一段以研学为目的神奇环球之旅。在旅行中，小迪一家遵循神奇高科技动物诞生的轨迹，前往它们的出生地，与创造这些神奇动物的科学家面对面交流，以这些科学家的口吻，向我们生动地介绍了25种高科技动物为什么会诞生，诞生过程中有什么有趣的事情，以及这些神奇动物到底能给人类带来怎样的未来。

这 25 种高科技动物都是真实存在的，它们是近几十年来动物生物技术领域具有深远影响、原创性强、已实现产业化或具有巨大产业化前景的代表性创新成果。这其中有突破生命认知局限的克隆青蛙和绵羊，有生产救命药的基因工程兔和鸡，有为人类捐献器官的基因编辑猪，也有模仿人类遗传病的转基因猴子和鸟儿，等等。

这些科学家也是真实存在的，正是他们的奇思妙想创造了这些神奇的高科技动物。当然他们在书中与小迪一家的对话，并不是真实发生的，但是其中主要的观点都是来自他们公开发表的论文和接受媒体采访的发言。以科学家的口吻讲述这些创新故事，主要是希望能让读者有身临其境的感觉，切身感受这些科学家热衷于科学研究的强烈兴趣、敢于突破认知局限的创新精神和面对挫折质疑的不懈坚持。

在创作本书的过程中，笔者得到了中国工程院旭日干院士、李德发院士的支持和帮助。《我们爱科学》杂志执行主编李伟、《科学 24 小时》编辑王咏雪对本书提出很多修改建议。杨焕明院士、蒲慕明院士、饶毅教授和史钧博士对本书给予了精彩点评。本书之所以完成，主要动力来自笔者的女儿和爱人，她们也是本书的第一批读者，她们的鼓励和支持促成了本书的面世。本书的完成还得益于科学出版社多位编辑和其他工作人员的出色工作。在此，向所有给予笔者支持和帮助的人表示真心感谢。由于水平所限，书中难免会出现谬误之处，敬请读者批评指正，不胜感激。

话不多说，让我们跟随唐小迪一家，开启这一段动物世界神奇之旅吧！

汤　波

2018 年 2 月 7 日

目　录

引　子

唐小迪马上要初中毕业了，她平时爱好阅读，特别喜欢读科普图书。她也喜欢搞些小发明、小创造，并取得了不错的成绩，作为学校的科技特长生，已被自己心仪的高中提前录取了。最让她高兴的是，她再也不用像班里其他同学一样，忙于应对各种中考复习资料和大小模拟考试，可以有时间阅读自己喜欢的科普图书和期刊，还能用家里的小宠物做些科学研究。

突然，唐小迪左手腕上的智能手表跳出了妈妈发来的信息，原来家里的小母鼠米琪马上要生鼠宝宝了。这是小迪初中阶段的最后一节课，不过她想着米琪马上要当妈妈，心思早已不在课堂上。下课铃声一响，小迪第一个冲出教室。

小迪这么着急回家，还有一个重要原因是，已出差一个多月的爸爸马上就要回家了。他和小迪约定，为了奖励她被理想的高中提前录取，要送给小迪一个大礼物，不过，爸爸没具体说是什么礼物。“是给我买个新的宠物，还是新书呢？”小迪边走边想。

小迪的家离学校很近，10 分钟之内她就到家了，进屋后发现爸爸还没有到家，妈妈说爸爸乘坐的航班晚点了，还有半个多小时才能到家。小迪有些小失望。

不过，小迪还有其他惦记的事情，就直奔后院的一个房间。刚一进门，房间里的小猫、小狗、小兔子都用自己的方式跟小迪打起了招呼，画眉鸟欢快地唱起歌来，鱼缸里面的小金鱼也对着小迪愉快地摇起了尾巴，只有蜥蜴懒懒地躺在沙子里没反应，这里简直是一个小动物园。

原来，小迪从小就特别喜欢动物，每年都要去好几次动物园，还经常和爸爸妈妈去逛宠物市场，时不时买回来一些可爱的小宠物。不知不觉家里的动物越来越多，爸爸还专门收拾出后院的一个小房间供这些小动物住，慢慢就形成了这样一个小小动物园。

不过，小迪冲进来后，没空搭理这些朋友，今天她眼里只有要当妈妈的小白鼠米琪，因为她想知道这个小家伙到底有什么小秘密。小迪凑近鼠笼一看，发现米琪已经生了一窝鼠宝宝，竟有 8 只之多，都是肉乎乎粉嘟嘟的，躺在鼠笼的一角，互相依偎着，萌态十足。米琪是爸爸的一个同事丁叔叔送给小迪的，丁叔叔曾对小迪说："米琪很特别，也会生下一群特别的鼠宝宝，你一定要好好照顾它。"

"有什么特别的呢？从外表看，这些鼠宝宝和普通幼鼠也没有什么不同之处呀！"小迪想。突然，她想起来丁叔叔将米琪送给她时，曾经说过，用紫外灯照一照鼠宝宝，就能看出它们的与众不同之处了。

正在这时，门外传来了门铃声，是爸爸回来了。小迪飞快地跑到客厅，爸爸刚放下行李，小迪就一把抱住爸爸说："爸爸，您终于回来了，快来看米琪和它的鼠宝宝吧！"

爸爸说："好呀，米琪都生鼠宝宝了，我们去看看吧，你看出它们的特别之处了吗？"

小迪和爸爸一边往后院的动物房走，一边说："从外表看这些鼠宝宝可没有什么特别的呢！我正准备用紫外灯照一下看看，您就回来了。"

到了动物房，小迪将紫外灯打开，照在鼠宝宝身上，爸爸则把照明灯关掉。这时，小迪和爸爸惊奇地发现，有 2 只鼠宝宝是绿色的，还有 3 只竟然是红色的，其他几只则是肉粉色的。

小迪疑惑地说："这太奇怪了，为什么有些鼠宝宝会变成绿色和红色的呢？它们的身上难道涂抹了什么颜料？"

爸爸解释道："这些鼠宝宝的身上可不是涂了什么颜料！丁叔叔难道没有告诉你吗？米琪可是一只来头不小的小白鼠，它的诞生得益于体细胞克隆技术和干细胞技术，而米琪自己则怀了一窝基因被修饰过的鼠宝宝，所以米琪和它的鼠宝宝其实都是高科技动物。"

小迪越听越有兴趣，好奇地问道："米琪可真是太特别了，可惜我没看出来！爸爸，这些鼠宝宝为什么会发出绿光和红光呢？"

爸爸笑道："你当然看不出来了。通过体细胞克隆技术、干细胞技术繁育出来的动物，以及基因修饰过的动物外表都跟普通动物没有什么区别，需要用专门的方法进行检测。至于为什么米琪的鼠宝宝会发出绿色和红色荧光，过几天你自己就能知道答案了。"

小迪着急地问："为什么要过几天呀，难道爸爸现在不能告诉我吗？"

“还记得你和爸爸的约定吗？等你被心仪的高中录取，我和妈妈要送你一个大礼物。你猜是什么？”爸爸问道。

“噢，您不说，我都差点儿忘了，是什么大礼物呀？”小迪兴奋地跳了起来。

爸爸说：“我前些天到外地出差，主要是为了参加一个名为‘高科技动物与人类健康’重大项目的申报工作。这个项目计划利用最前沿的生物技术，创造出一批神奇动物，用于探索未知生命奥秘，模仿人类遗传病，研制治疗恶性疾病的特效药物，甚至可以为人类提供救命的组织与器官。经过十多位科学家一个多月的共同努力，这个重大项目正式获得了政府批准。我的首要任务将是寻找全世界的各种高科技动物，争取将它们或它们的后代都集中在一起，建设一个以高科技动物为主题的公园，暂时命名为‘神奇动物世界’吧！这个主题公园建成后，不仅可以让大家参观到全世界著名的高科技动物，学习和领略生物科技的神奇；而且能吸引更多优秀的科学家在一起开展研究，创造更多的神奇动物。”

“爸爸，这真是太有创意了！不过这和我有什么关系呢？”

“当然有关系呀！还记得爸爸有一次带你去宠物市场看小兔子时，跟你说要给你建一个真正的动物园吗？我马上要出国考察这些神奇的高科技动物了。我和你妈妈准备带你来一次环球旅行，让你近距离拜访最优秀的科学家，并参观他们的科研成果。这也算是送给你的特殊礼物吧！”

“太棒了！终于可以周游世界喽，那什么时候出发呀？”小迪有些等不及了。

“明天就出发，机票我们都买好了，第一站我们要去克隆动物的故乡——英国。”这时候妈妈也走了进来，于是唐博士大声宣布道。

“可是家里的小动物们怎么办呢？”高兴之余，小迪担心起自己的朋友们。

妈妈说：“放心吧，爸爸已经跟丁叔叔联系好了，请他每天来家里照看一下你的小动物们。”

第一章
第一个克隆动物竟是它

很多人都知道，一只叫多利的绵羊是世界上最有名的克隆动物，不过，大多数人并不知道世界上第一只体细胞克隆动物是谁、来自哪里。那是一只非洲爪蟾，是由当时还在牛津大学从事博士后研究的约翰·格登博士培育出来的。这项研究不但为格登博士赢得了诺贝尔生理学或医学奖，而且为我们开启了了解克隆动物世界的大门。

第二天一大清早，小迪一家就坐上了前往英国伦敦的航班。尽管飞行时间有十多个小时，但是对于小迪一家来说，却是很好的读书时间。

看了一个多小时的书后，小迪突然问道："爸爸，我们为什么要先去英国参观克隆动物呢？"

爸爸笑着回答道："这算是爸爸的一个小心愿吧，我上大学时克隆羊多利可是轰动全世界的大明星，我也想亲眼看看这只地球上最有名的绵羊呢。"

妈妈打趣地说道："爸爸就是有私心吧！"

"呵呵，算是吧。小迪，你知道体细胞克隆技术是怎么回事吗？"爸爸问。

"这个我知道呀，就像我前几天参观的恐龙玩具工厂一样，工人们用一个恐龙模具，就能制造出大批与模具一模一样的恐龙玩具来。"小迪回答道。

爸爸点头赞同道："哈哈，你的回答倒是很形象。不过体细胞克隆技术可没有这么简单。一个动物体内的细胞可以分成两大类：一类是生殖细胞，包括卵细胞和精细胞等；另一类是体细胞，指除了生殖细胞之外的所有其他细胞，如脑细胞、肌肉细胞、皮肤细胞等。人们之前一直认为，要创造一个新的动物个体，如一只小羊，必须由来自母羊的卵细胞和来自公羊的精子相结合，形成受精卵，然后在母体子宫内发育成新的生命。而那些体细胞，如皮肤细胞，则不可能发育成新的生命。”

“是呀，羊的皮肤细胞怎么可能发育成小羊呢？”小迪说道。

爸爸耐心地解释道：“不过，英国的科学家发明了体细胞克隆技术，把这种原本不可能的事变成了现实。顾名思义，克隆有‘复制’的意思，体细胞克隆技术就是利用一个动物的体细胞复制出与它在遗传上完全相同的动物。具体来说，科学家需要从一个动物体上取下一块组织，培养出体细胞。例如，绵羊的耳朵就能培养出一种名为成纤维细胞的体细胞。接着，科学家将这种体细胞的细胞核取出来，移植到另外一只绵羊的卵母细胞内，当然，在这之前，得将这个卵母细胞的细胞核去掉，只保留细胞质。之后，在微弱的电击刺激下，体细胞核与卵母细胞质重新组合成一个新的细胞。这个新细胞像受精卵一样，在代孕母羊体内发育成一个小羊羔。因为这一过程需要将体细胞的细胞核移植到卵母细胞的细胞质中，所以也叫体细胞核移植技术。”

“原来这就是世界上第一只体细胞克隆绵羊多利的诞生过程呀，真神奇！在科学家眼里，真是没有什么是不可能的呀！”小迪感慨地说道。

“是的，科学研究就是要不断突破人们的认知局限，获得新的知识。多利之所以在全世界引起巨大的轰动，正是因为它颠覆了人们对哺乳动物体细胞不能再分化的传统认识，也引起人们对克隆其他动物的兴趣。”爸爸继续说道。

“爸爸，什么是再分化呀？”小迪有些疑惑。

“你知道，在自然条件下，一个动物是由单个细胞发育而成的吧？这个细胞就是受精卵，受精卵从单细胞分裂成 2 个细胞，再到 4 个细胞、8 个细胞，以此类推，进而发育成早期胚胎。早期胚胎中含有一些胚胎干细胞，不同的胚胎干细胞则继续发育成不同的细胞、组织和器官，这就是细胞分化过程。也就是说，我们一般认为，只有干细胞具有分化能力，而它们分化出来的体细胞都有各自不同的功能和用途，但是不能再分化成其他细胞，更没有能力发育成活的动物。”爸爸回答道。

“是不是像豌豆一样，只有豌豆种子才能发育成豌豆苗，豌豆叶就不能再重新发育成新的豌豆苗了？”小迪想起自己上过的生物课，老师通过豌豆实验，让大家学习遗传学的基本规律。

“有点儿像，但是豌豆叶在实验室加点培养基还是可以重新发育成豌豆苗的，这叫组织培养，是植物学实验室最常见的实验技术之一。但是动物细胞简单地加些培养液是不能发育成一个动物个体的，这是动物细胞和植物细胞的重要区别之一。所以多利的出生就好像告诉大家，动物体细胞也像植物叶片或枝条一样，可以发育成活的动物个体，但这需要借助于体细胞克隆技术。其实，体细胞克隆技术并非在多利羊身上首次应用，早在20世纪50年代末，英国科学家约翰·格登博士就培育出了第一只体细胞克隆动物，是一种原产于非洲的青蛙，叫非洲爪蟾。”爸爸纠正道。

“原来世界上第一只体细胞克隆动物不是绵羊多利，而是一只青蛙呀。”小迪说道。

“是的，绵羊多利其实是第一只体细胞克隆哺乳动物，而世界上第一只体细胞克隆动物则是牛津大学约翰·格登博士创造的克隆非洲爪蟾。所以我们的第一站先去拜访约翰·格登教授，看看他是如何发明体细胞克隆技术的。”爸爸回答道。

不知不觉，小迪有些困了，妈妈提议大家休息一会儿。很快，小迪便靠在椅背上睡着了。她做了一个梦，看见很多蝌蚪变成了青蛙，身上的花纹都一模一样，还有一群身上长满洁白卷毛的胖胖的绵羊，也像一个模子里刻出来似的，肉眼很难区分。

小迪醒来时，飞机已经安全到达目的地，爸爸妈妈正在收拾行李。下飞机后，小迪一家搭乘出租车来到了剑桥大学的格登研究所，这正是以约翰·格登教授名字命名的研究机构，以表彰他的学术成就。

虽然已80多岁高龄，但是约翰·格登教授的身体非常硬朗，且精神矍铄。只要有时间，他每天都要去实验室，与年轻人一起工作、一起讨论最前沿的研究课题。

上午10点，小迪一家来到了格登研究所。格登教授正与几个博士生研讨干细胞试验结果，看到小迪一家来访，他非常高兴。

“唐博士，上个月收到你的邮件，你们的‘神奇动物世界’主题公园的设想很有意思，我也非常感谢你们对我的研究感兴趣，不过那都是五六十年前的工作，以前克隆的非洲爪蟾早已不见踪影，我们当时甚至没有留下标本——当然标本也很难保存那么长时间。不知道我还有什么能帮你们的？”格登教授开门见山地说道。

唐博士回答道：“格登教授，非常感谢您同意见我们。您是世界上第一位培育出体细胞克隆动物的人，所以我们决定先来拜访您。我们将来的‘神奇动物世界’主题公园不仅要展出很多利用高科技培育出来的神奇动物，还会介绍很多前沿生物科学的发展历史，以及做出重大贡献的科学家，这样做不仅可以让更多的年轻人了解这些前沿科学的奥秘。更重要的是，要让大家学习这些科学家的创新意识和精神，这才是我们开设‘神奇动物世界’主题公园的主要目的。”

“格登教授，我叫小迪，听说您中学时生物学成绩并不十分理想，为什么后来能成为一名生物学家呢？”小迪之前看过关于格登教授生平的报道，对这个问题非常好奇，有点儿急不可耐地问道。

听小迪这么一问，格登教授笑了起来并说道：“哈哈，有这么回事。中学时，在一次生物学考试中，我的确得过全年级倒数第一，那可是250个学生中的倒数第一。生物学老师因此对我几乎丧失了信心，他认为我根本不可能学好生物学，因为我连基本的生物学知识都学不好，他还奉劝我趁早放弃当生物学家的想法。”

“这位老师真不讲情面呀！”小迪说道。

“是的，这是我受到的最严厉的批评，我当时的确受到很大打击，差点儿真的放弃生物学了！好在我并没有因为老师的批评就放弃自己喜爱的专业，因为我太热爱生物学了！我曾经在学校先后养过上千条毛毛虫，并等它们孵化成飞蛾后又给放飞了，弄得校园里到处是飞蛾，这可能也是老师们讨厌我的原因之一吧！由于对生物学的喜爱和不断地努力学习，我最终幸运地被牛津大学生物学专业录取了。不过，我还是很感激那位批评我的生物学老师，至今我还保留着他对我的评语，并把它装进相框，一直挂在我的办公室里，它激励我不断努力工作。我的经验是，如果你认定了一个目标，不管别人怎么说，你得朝这个目标不断努力，最后你就很可能取得成功。”格登教授指着墙上的一个相框说道，那相框里有一张发黄的纸，正是那位生物学老师当年对格登教授的评语。

“看来，兴趣是您取得成功的重要原因了。那您是如何发明体细胞克隆技术，并培育出第一个体细胞克隆动物——非洲爪蟾的呢？”唐博士问道。

“其实并不能说是我发明了体细胞克隆技术，”格登教授谦虚地回答道，“早在我到牛津大学读研究生之前，就有科学家将早期胚胎细胞移植到去核的卵母细胞中，这些重组细胞竟然能继续分化，遗憾的是，他们最后并没有得到活的克隆动物。在读博士研究生和从事博士后研究期间，我对这些研究产生了浓厚的兴趣。当时我想，早期胚胎细胞也属于已分化的细胞，既然这些已分化的胚胎期细胞可以重新分化，那么，理论上已完全分化的体细胞也应该能够重新分化。根据这个假设，我开展了一项实验，研究对象是非洲爪蟾，因为这种动物取卵方便，而且它的卵细胞和胚胎体积都较大，便于进行细胞核移植操作。我们没有直接把爪蟾卵母细胞核取出，而是用紫外线照射爪蟾卵细胞，破坏它的细胞核，然后取爪蟾蝌蚪的小肠上皮细胞、肝细胞、肾细胞等的细胞核，移植到上述细胞核已破坏的卵细胞内。这其中有一部分重组细胞能够继续分裂并发育，其中移植了小肠上皮细胞核的卵细胞竟奇迹般地发育成蝌蚪，有些蝌蚪最后发育为成年爪蟾。这些爪蟾的确是第一批活的体细胞克隆动物，真是太幸运了。”

“这真是很有趣的实验，一个小肠上皮细胞的细胞核与卵细胞结合，竟然就能发育成一个活的动物。”小迪惊讶地说道。

“不过，当时我还是一个初出茅庐的学生，我的这些研究受到了很多科学家的质疑，他们认为已分化的体细胞不具备再分化和发育成个体的潜力。不过我没有气馁，并坚信我的研究是正确的。1996 年，英国罗斯林研究所的伊恩·维尔穆特等用绵羊的乳腺上皮细胞培育出了

1
2
3

首例体细胞克隆哺乳动物——绵羊多利，之后 20 多种不同的哺乳动物都被克隆成功了，包括中国科学家成功培育的体细胞克隆猴。2006 年，日本科学家山中伸弥证实了人的体细胞可以转化成具有完全分化能力的干细胞，现在干细胞技术已经开始应用于人类疾病治疗。这些重要的研究成果都印证了我之前的判断，就是已分化的体细胞同样具有重新分化的潜能。”格登教授补充道。

“您的工作为我们开创了一个新的研究领域，也为人类找到了一个攻克疾病的新方法——干细胞疗法。2012 年，您也和日本科学家山中伸弥一起获得了诺贝尔生理学或医学奖，真是了不起！”唐博士称赞道。

“50 多年后，能够获得诺贝尔奖的确很幸运，也很意外，也许这跟我活得时间长有很大关系，哈哈。”格登教授打趣地说道。格登教授的确是幸运的，等待了 50 多年，在近 80 岁高龄的时候获得诺贝尔奖，要知道，历史上有很多科学家本来有资格获得诺贝尔奖，不过因为过早离世，最终与诺贝尔奖遗憾地擦肩而过。

“呵呵，兴趣很重要，身体健康也很重要。诺贝尔奖是科学界对您工作的认可。听说您现在还在从事干细胞方面的研究，为什么 80 多岁了仍然从事研究工作呢？”唐博士问。

格登教授说：“对我来说，生物学是永远充满未知的世界，科研工作总是不断带给我惊喜，因此我很难停下来。”

告别格登教授，小迪对第一个体细胞克隆动物有了了解，她也暗自下定决心，要好好学习，像格登教授一样坚持自己的兴趣，不断向自己的理想努力。

小迪和爸爸妈妈按照原计划，准备第二天前往爱丁堡大学的罗斯林研究所，去探访第一只体细胞克隆绵羊多利的出生地。

第二章
来自牛津的“好”蚊子

牛津大学的确很厉害，这里的科学家不仅培育出世界上第一个体细胞克隆动物，竟然还培育出一群特殊的雄蚊。这些雄蚊身上发出漂亮的红色荧光，深得众多雌蚊喜爱。这些雄蚊也专门找野外的雌蚊约会，交配过后，雌蚊们满心欢喜地去产卵，希望生出一大群自带红色荧光的蚊宝宝来。但结果是，那些蚊宝宝不仅大批死亡，而且蚊子家族的数量也大幅下降。

告别格登教授之后，小迪一家回到了宾馆。吃过晚餐后，小迪准备休息一会儿，可是讨厌的蚊子趴在她的胳膊上猛吸血。她使劲地拍了一巴掌，蚊子虽然被拍死了，但是小迪这么一拍，拍得自己胳膊生疼。

“好大一只花蚊子，”小迪用手指弹开蚊子的尸体，抱怨道，“我最讨厌蚊子了。它们吸我的血也就罢了，还让我感觉奇痒无比。”果不其然，小迪被蚊子叮咬的胳膊已经红肿起来，开始有点儿痒了。

“赶紧抹点儿花露水吧，一会儿就好了。”妈妈递过花露水说道，“蚊子最可怕的还是会传播疟疾、登革热和黄热病等传染病。好在我们目前不在热带地区，否则被蚊子叮咬过可就有感染的风险了。”

“是呀！”爸爸刚从卫生间洗澡出来，接过妈妈的话说道，“不过也有‘好’蚊子，能帮助人类消灭传播病毒的‘坏’蚊子。”

小迪惊讶地问道：“还有‘好’蚊子？太好了！我要让这些‘好’蚊子帮助消灭‘坏’蚊子。但是哪里有这种蚊子呢？”

爸爸回答道：“这种‘好’蚊子也是牛津大学的科学家研制出来的。我们不如明天先去参观，之后再去爱丁堡看绵羊多利。”大家一致同意这一提议。

第二天一大早，爸爸开着租来的汽车前往牛津大学，两个多小时后，小迪一家来到了牛津大学的一个实验室。接待他们的是卢克博士，他是牛津大学动物学系的教授，也是转基因蚊子的发明者。

“听说你们要建一个高科技的‘神奇动物世界’主题公园，这是一个很棒的主意！非常希望我们培育的转基因蚊子能成功入选，我先带你们看看我们培育的转基因蚊子吧。”卢克博士开门见山。同时，他把小迪一家带到一个房间，里面有很多玻璃缸，缸壁趴满了花蚊子。

“全世界的蚊子约有 3000 种，其中以按蚊属、伊蚊属和库蚊属最为‘臭名昭著’。伊蚊是蚊科中最大的属，包括埃及伊蚊在内有近 1000 种。埃及伊蚊正是登革热、流行性乙型脑炎等人类传染病暴发的‘罪魁祸首’。据世界卫生组织报告，全球约有 25 亿人受到登革热的威胁，每年新增 5000 万以上感染病例，约有 2 万人因此丧生。曾经在美洲开始暴发的寨卡病毒也是伊蚊传播的。寨卡病毒有多可怕呢？孕妇一旦感染了寨卡病毒，这些病毒会影响婴儿的大脑神经发育，这样生下的婴儿容易出现小头症畸形，男人被感染后则会影响生育能力。”卢克博士介绍道，“由于蚊子生命力特别强，在很多极端气候条件下都能见到它们的身影。它们的繁殖周期很短，从卵到成虫只需要一周多时间，繁殖能力也特别强，一只雌蚊一生只交配一次，但是可以产数百枚卵，所以只需要一个桌子大小的水洼地，它们一个夏天就能繁育数不清的蚊子来。”

“真可怕，伊蚊会传播疟疾吗？”小迪好奇地问。

“不会，疟疾是由疟原虫引起的，而传播疟原虫的是疟蚊。”卢克博士回答道，“我们实验室研究的主要是埃及伊蚊”。

“为什么要研究转基因蚊子呢？难道没有其他方式消灭蚊子吗？”小迪问道。

“当然有。要大规模消灭蚊子，最常用的方法是喷洒杀虫剂。但是这些杀虫剂大多含有剧毒，如剧毒氯化物农药 DDT，它的化学名称叫二氯二苯三氯乙烷，是瑞士化学家穆勒发明的，他还因此获得了 1948 年的诺贝尔生理学或医学奖。不过，人们后来发现，DDT 不仅对害虫有效，对益虫也毫不留情，给地球生态环境造成了极大的破坏。杀虫剂会在水和土壤中长期存在，严重威胁人和动物的健康，因此，大多数国家目前已禁止使用这种剧毒杀虫剂。尽管后来人们又发明了低毒的杀虫剂，但是杀虫剂对环境和人类健康的威胁仍然很大。比如，有科学家发现，全球 75% 以上的蜂蜜都至少含有一种杀虫剂。这些杀虫剂极有可能导致蜜蜂的灭绝，而含有杀虫剂的蜂蜜无疑也会对人类健康造成潜在的威胁。”卢克博士说道。

小迪爸爸唐博士接过话题说道：“我之前看过一则报道，20世纪70年代，世界卫生组织的科学家曾到南亚一些地区开展一项灭蚊试验，他们先用放射性物质对蚊子的卵或幼虫进行照射，这样能让一些雄蚊丧失生育能力，科学家专门挑选出这种不育雄蚊。计划将这些不育雄蚊放飞到野外，让它们与当地的雌蚊交配，使当地雌蚊不能正常繁育后代，从而大幅减少蚊子种群的数量，以降低登革热等传染性疾病的传播风险。不久，当地开始谣言四起，说这一试验是外国政府在试验生化武器，被这些不育蚊子叮咬后，人也会丧失生育能力。最后，听信谣言的人异常愤怒，合力将科学家赶走了，这一科学试验也被迫中止。”

“科学家也真不容易呀，不仅要在科研上有所创新，还时常被一些造谣者中伤，以及被一些不明真相的民众误解。”小迪感慨道。

“是的，这明显是由人们对前沿科学技术缺乏认识导致的。核辐照不育技术在农业病虫害防治方面发挥了重要作用，比如，在美国、巴西等国家，科学家利用这一技术，帮助当地农民消灭了一些危害畜牧业的绿头苍蝇，效果很不错。不过，这项技术在控制蚊子的数量上效果并不好，主要是因为雄蚊的不育性与核辐照剂量相关，核辐照剂量越高，雄蚊的不育性则越强。但是核辐照剂量过高，又容易导致雄蚊体质虚弱。这些不育雄蚊被放飞到野外，往往得不到野生雌蚊的青睐，没有交配就死去，根本无法完成‘以蚊制蚊’的任务。”卢克博士解释道。

“那您研究的转基因蚊子是怎么消灭野生蚊子的呢？”小迪问道。

“我们研究的转基因蚊子与核辐照不育蚊子的思路基本相同，都是让不育的雄蚊与野生的雌蚊进行交配，使其不能正常繁育后代。与核辐照不同的是，我们将一个致死基因转入蚊子的虫卵中，这种致死基因会产生一种毒性物质，让幼虫中毒而亡。不过，这个致死基因是否产生毒性物质，会受一种抗生素——四环素的控制。也就是说，当我们在实验室里给这些转基因蚊子喂含有四环素的食物时，它们体内的致死基因会受到四环素的抑制，不会产生毒性物质，因此，转基因蚊子能在实验室健康存活，并正常繁育后代。这样，我们就能挑选出很多强壮的转基因雄蚊，然后把这些转基因雄蚊放飞到野外，让它们与野生的雌蚊交配，产下携带致死基因的转基因后代。由于野外环境缺乏四环素，转基因后代体内的致死基因会持续产生毒性物质，毒性物质逐渐让这些转基因幼蚊中毒而死。经过一段时间，大多数野生雌蚊就不能正常繁育后代了，这样，当地的蚊子种群数量自然会大幅减少，以达到'以蚊制蚊'的目的。”卢克博士详细地讲解起转基因不育蚊子的原理。

小迪在基本了解了转基因不育蚊子的工作原理后，继续问道："原来是这样，但是野外的蚊子数量数也数不清，需要多少转基因雄蚊才能达到灭蚊的效果呢？"

"主要看实验区的面积大小和野生蚊子种群数量，面积越大，野生蚊子种群数量越多，需要的转基因蚊子数量自然就越多。某些地区，有时需要几百万只，甚至数千万只转基因蚊子，才能达到控制野生蚊子种群数量的目的。"卢克博士说。

"哇，竟然需要那么多转基因蚊子，怎样才能培育出那么多蚊子呢？"小迪追问道。

卢克博士回答道："其实，繁育转基因蚊子是相对简单的。蚊子的繁殖速度非常快，效率也非常高，只要培育出第一代转基因蚊子，就能很快繁育出数以千万计的转基因蚊子。因此，最关键的是培育出第一代转基因蚊子。我们设计了一种既实用又轻松的方法，就是将一个表达红色荧光蛋白的基因与致死基因连在一起，转入蚊子卵中，然后用紫外线照射，只要是发红色荧光的蚊子，就一定是转基因的蚊子。"

"哦，我想起来了，我们家的母鼠米琪所生的 3 只红色荧光小鼠，应该也是含有红色荧光蛋白基因，爸爸，对吧？"小迪转头看向爸爸问道。

"是的，小迪猜得没错。那些小鼠的确含有红色荧光蛋白，所以能在紫外线照射下，发出红色的荧光。"唐博士一边回答小迪，一边问卢

克博士：“这是一个很好的设计，但是，怎样验证转基因蚊子真的能够减少野外蚊子的数量呢？”

“为了验证上述‘以蚊制蚊’的策略是否有效，我们在开曼群岛开展了两次转基因蚊子的放飞试验。第一次放飞试验在一个 10 万平方米的区域内进行，放飞了近 2 万只转基因雄性伊蚊。试验数据显示，转基因雄蚊在实验区雄蚊总群落中占 16%，在大约 10% 的幼虫中发现了致死基因。这说明，转基因雄蚊能成功与野生雌蚊交配，这一比例足以抑制蚊子的种群。之后，科研人员又在一个面积约为 16 万平方米的区域内开展了第二次放飞试验，这次先后释放了约 330 万只转基因雄蚊。6 个月后，该试验区内的埃及伊蚊数量下降了 80%。”卢克博士说。

“我们还在马来西亚、巴西等地开展了类似的试验。自 2011 年起，研究人员开始与巴西的相关机构合作，在巴西东北部进行了转基因伊蚊的野外放飞试验。结果令人鼓舞，在放飞转基因蚊子后，当地的埃及伊蚊数量也减少了 80% 以上。”卢克博士越说越兴奋，“最令人激动的是，2014 年 4 月，巴西国家生物安全技术委员会通过决议，允许我们在巴西进行商业注册并使用转基因蚊子技术，我们的产品也成为世界上首个获得商业化应用许可的转基因昆虫。目前，首批转基因蚊子工厂正在巴西建设，一旦投入生产，预计每周可培育 200 万只这种蚊子，有望对预防登革热等蚊虫传播的疾病发挥积极作用。”

“还有一个好消息，美国食品药品监督管理局也批准了我们的转基因蚊子野外放飞试验，地点选择在相对封闭的佛罗里达群岛，以观察转基因不育雄蚊的灭蚊效果。佛罗里达也是蚊虫肆虐的地方，希望野外放飞试验能很快取得满意的结果。”卢克博士补充道。

“据我所知，除了牛津大学开发的这种转基因不育伊蚊外，世界上还有很多研究机构也在研制不同功能的转基因蚊子，其中抗疟疾的转基因蚊子是其中最主要的研究热点之一。目前，美国、中国、巴西、日本等国家的科研人员相继研制出抗疟疾的转基因蚊子，有些转基因蚊子体内含有抗疟疾基因，让传播疟疾的疟原虫在蚊子体内难以成活，从而达到控制疟疾的目的。相比登革热，疟疾对人类的危害更大。一旦抗疟疾转基因蚊子获得成功，将有可能为人类抗击疟疾带来新的希望。”唐博士也提前做了不少调查。

“还有一个问题，有些生态学家担心，如果利用转基因不育技术消灭了某种蚊子，可能会导致以蚊子为食的其他动物灭绝，从而破坏生态平衡。”唐博士继续说。

“这样的担心，我们在研发过程中也有考虑：一是，我们培育的转基因不育蚊子只是针对特定种群的野生蚊子，比如传播病毒的埃及伊蚊，而大多数其他种属的蚊子并不会受到影响；二是，这种特定野生蚊子并不会全部被消灭，只是种群数量会下降到一个危害极小的水平，因此人们担心的生态问题基本不会出现。”卢克博士回答道。

“我希望将来有越来越多的‘好’蚊子，这样我就不用再害怕蚊子了。”小迪冒出一句，逗乐了大家。

“哈哈！如果你们愿意，我可以赠送一些转基因不育蚊子给你们的‘神奇动物世界’，也祝你们的‘神奇动物世界’早日建成，希望我有机会前去参观。”卢克博士说道。

两个多小时很快就过去了，卢克博士还有一个会议要参加，唐博士代表全家对卢克博士表示了感谢，他们告别卢克博士，驱车离开了牛津大学。

第三章
地球上最有名的羊

多利因为体细胞克隆技术成为世界上最出名的羊后，有些人很高兴，希望克隆技术能帮忙复活自己死去的宠物，甚至是自己的亲人。但有人担心，万一有人将坏人克隆出来，岂不世界大乱？从现在的科技来说，只要有活的细胞或组织，不管是克隆死去的动物还是人，都有可能办到。但是，这些克隆出来的动物或人可能对自己的“前世”，也就是细胞核提供者却是一无所知。

在牛津大学参观完转基因蚊子后，小迪对生物技术越来越感兴趣了，她期待看到更多的神奇动物，希望能了解它们诞生的过程和意义。

小迪问爸爸：“爸爸，既然多利不是第一个体细胞克隆动物，那它的诞生似乎没有太大的意义吧？”

“也不能这么说。虽然约翰·格登博士发明了体细胞克隆技术，但是这项技术当初只在两栖类动物身上取得了成功，直到差不多40年以后，才首次在哺乳动物上取得突破，也就是克隆羊多利的诞生，可见哺乳动物体细胞克隆技术的难度有多大。”爸爸回答道。

“所以说，第一个体细胞克隆哺乳动物——多利的诞生无疑具有非常重要的意义。一方面，多利的诞生首次证明了哺乳动物已分化的体细胞也具有继续分化的能力，还能发育成活的动物个体，就像格登博士的克隆爪蟾一样；另一方面，体细胞克隆技术是一种无性繁殖技术，不需要精子和卵子的结合，也可以繁育后代，这对于繁育优良种畜，保护濒危哺乳动物，甚至复活已灭绝的动物都是一个不错的选择，如美国、日本等国家的科学家正在尝试利用体细胞克隆技术复活猛犸象呢！另外，体细胞克隆技术还直接促成了另一项振奋人心的生物技术——诱导性多能干细胞技术的诞生和发展。诱导性多能干细胞是什么呢？它也叫iPS细胞，是通过转入一些基因，将皮肤细胞等体细胞转化成多能干细胞，进而能分化出各种各样的细胞。这些技术可以用于人类的辅助生殖、疾病治疗等，直接造福人类。日本科学家就曾利用患者的皮肤细胞，诱导产生iPS细胞，再用其培育出正常的视网膜细胞，来替代该患者已退化的视网膜细胞，以治疗其视网膜病变。”爸爸越说越有兴致。

“爸爸真不愧是博士呀，懂得可真多！看来多利能够受到全世界的关注一点儿也不奇怪。”小迪佩服地说。

“这些都是一些生物学基础知识，你很快也会学到。不过，我们这次环球旅行最重要的目的不是欣赏这些神奇的动物，而是要学习这些科学家勇于探索、敢于创新的精神。就拿多利来说，如果当初培育多利的研究人员循规蹈矩，简单地接受哺乳动物体细胞不能再分化的传统观点，不去尝试和创新，多利就不可能诞生，更不会有我们即将看到的很多神奇动物了。”爸爸补充道。

听爸爸说完，小迪有些急切地想早点儿见到多利了。一大早，小迪一家搭乘飞机到达爱丁堡市后，又乘坐出租车前往位于爱丁堡大学的罗斯林研究所。

出门迎接他们的是脸上长满络腮胡子的维尔莫特教授。寒暄过后，维尔莫特教授将小迪一家带到研究所附近的一个农场，那里有十多只绵羊在草地上悠闲地吃着青草。

维尔莫特教授指着其中 4 只长得几乎一模一样的绵羊，说道：“这里所有的羊都是体细胞克隆羊，其中，这 4 只克隆羊算是多利的四胞胎妹妹。我们也给它们起了名字，分别叫黛比、丹妮丝、戴安娜和黛西，它们的细胞核供体来源与多利的一样，不过比多利晚出生 11 年。”

“我以为多利也在里面呢。维尔莫特教授，多利在哪儿呢？”小迪问道。

“你们知道，绵羊的自然寿命就在 10 岁左右，一般不超过 15 岁。不幸的是多利在 6 岁半时，患上了严重的关节炎和肺病，我们不得不对它实施安乐死。为了纪念多利，我们把它制作成标本，保存在苏格兰国家博物馆，你们有空可以去看看。”维尔莫特教授神情有些哀伤地说道。

“真不幸！难道克隆动物容易患病，而且短命吗？”小迪很好奇。

“这正是为什么我们要克隆出多利的四胞胎妹妹。”维尔莫特教授解释道，“我们认为多利的健康问题，只是一个个例，后来我们又培育出十多只体细胞克隆羊，包括多利的四胞胎妹妹。这些羊目前都在8～10岁，相当于人类的六七十岁。多利的四胞胎妹妹与多利一样，细胞核都来源于同一只母羊的乳腺上皮细胞，不过，多利妹妹的核供体细胞是在近 -200℃的液氮中冷冻保存了10年。我们对这些克隆羊进行了长期的观察和系统的身体检测，发现这些克隆羊与普通羊相比，并没有出现严重的健康问题，它们的寿命也比多利长了不少，已接近羊的平均自然寿命。这说明，克隆动物的健康状况和寿命与普通羊的没有显著差异。而且我听说中国科学家培育的体细胞克隆山羊阳阳，寿命竟然超过15岁，真是个超级寿星！”

“原来是这样。维尔莫特教授刚才提到，多利的四胞胎妹妹是由冷冻保存了10年的体细胞培育出来的，是不是说如果将动物或人的细胞组织冷冻保存起来，几十年甚至上百年之后，人们可以利用克隆技术将这些动物或人复活？那不相当于穿越到未来了吗？”小迪看了不少科幻电影，对其中克隆人的情节记忆犹新，又将信将疑。

维尔莫特教授笑了笑，说道：“从技术层面来说，利用冷冻保存的细胞克隆出已死亡的动物是没有问题的。这项实验不仅我们能做到，其他研究团队也能做到。例如，日本科学家就从一只低温冷冻保存了16年的小鼠的脑细胞中提取出细胞核，采用克隆技术培育出2只健康的体细胞克隆鼠，它们与正常鼠交配后还产下了健康的后代。这些研究都让人相信，体细胞克隆技术可以拯救濒危动物物种，也可以复活已死去很久的宠物。有些公司甚至已开展了克隆宠物狗和猫的服务，已有客户成功获得克隆宠物，而且克隆宠物与它们的‘前世’的相貌、个性等几乎完全一样。但是，目前这项服务的价格是5万～10万美元，对于普通收入人群还是偏贵。”

“克隆人也是人们关注的焦点。有些不能生育孩子的夫妇在尝试其他的辅助生殖方法无效后，觉得克隆技术是一个选择。有人希望能利用体细胞克隆技术让自己不幸离世的亲人‘复活’；还有人想把自己的细胞冷冻保存起来，可以让自己穿越到未来，看看未来是什么样。不过我个人反对克隆人，因为体细胞克隆技术还是存在一些缺陷的。一方面，

多利

克隆效率很低，20 多年一直没有显著提高；另一方面，克隆个体还可能存在健康风险，一旦出现不健康的人类胚胎或婴儿，不仅难以弥补人们已有的伤痛，还会增加新的痛苦。”维尔莫特教授严肃地说。

“是呀，克隆人还是存在很大风险的。但是，人的治疗性克隆似乎是未来的重要研究方向。”小迪爸爸唐博士说。

“的确是这样，多利的诞生让人们意识到哺乳动物高度分化的体细胞，也具有重新分化和发育成个体的潜力。虽然克隆人不可取，但是用克隆技术治疗人类疾病还是很有前景的。比如，提取患者的体细胞核，融入去核的卵母细胞，制备成克隆胚胎，再利用这些克隆人胚胎培养出胚胎干细胞，或直接利用患者的体细胞转化成多能干细胞，再将这些健康的干细胞移植到患者体内，可以帮助患者修复受损的细胞。用这些技术可以治疗很多疾病，包括白血病、淋巴瘤、帕金森病和糖尿病等。中国、日本、澳大利亚等国家正在开展干细胞治疗帕金森病、视网膜病变等疾病的临床试验，疗效值得期待。”维尔莫特教授回答道。

“小迪，你看多利的诞生多么有意义！还是请维尔莫特教授谈谈多利是怎么诞生的吧！”唐博士希望让小迪了解多利的更多信息。

“好吧，多利无疑是个超级幸运儿，它是 200 多个克隆胚胎中唯一发育成羊羔的。1996 年，我和我的同事从一只 6 岁芬兰白面母绵羊的乳腺中取出乳腺上皮细胞，又从一只苏格兰黑面母绵羊的卵巢中取出未受精的卵细胞，并将卵细胞的细胞核去除，然后将乳腺上皮细胞的细胞核移入去核的卵细胞，组成重组细胞，采用电击刺激，能让这种重组细胞复活并开始分裂，继而发育成克隆胚胎，将其移植到另一只代孕母羊子宫内，最后竟奇迹般地诞生了世界上第一只体细胞克隆绵羊，它的外貌与芬兰白面绵羊几乎一模一样，却完全没有苏格兰黑面绵羊的影子。我把它命名为‘多利’，以纪念我特别喜欢的一名乡村歌手。”维尔莫特教授回忆起多利诞生的过程，似乎历历在目。

“之所以说多利是幸运儿，是因为我们当时并没有计划得到它，它却不期而遇地来到了这个世界，给我们的研究团队和世界带来一个巨大的惊喜。在此之前，利用胚胎细胞进行核移植获得克隆动物已经不是什么新鲜事，但是成年体细胞核移植则很少有人研究。当时我们正在研究胚胎细胞核移植，只是将成年母羊的乳腺细胞作为参照，结果这些乳腺细胞与卵母细胞的结合竟然获得了正常胚胎，还幸运地发育成世界上第一个体细胞克隆羊。”维尔莫特教授边说边向我们展示手机里他与多利的一张合影。

“我们很快认识到多利的重大意义，将多利的诞生过程发表在《自然》杂志上。不久，全世界的新闻媒体蜂拥而至，使得多利很快成为全世界最著名的羊。目前，全世界已有 20 多种动物获得了克隆后代，包括人类的近亲——猴子。”维尔莫特教授补充道。

听完维尔莫特教授的介绍，小迪一家对多利有了一种莫名的亲近感，于是决定前往苏格兰国家博物馆看看多利的标本。

走进苏格兰国家博物馆，小迪很快就发现了很多人围着的多利的展台，多利的标本非常逼真，就像活的一样。它站在橱窗里，注视着来来往往的参观者，似乎要告诉大家它的故事和荣耀。

第四章
病毒不敢惹的小鸡

禽流感、甲型流感等病毒引起的传染病不断肆虐，动物们不仅深受其害，可能遭遇灭绝之灾，还无形中成为这些病毒侵袭人类的帮凶。幸好，罗斯林研究所等科研机构的科学家培育出了一种不传播禽流感病毒的转基因鸡，有望帮助人类战胜这些高致病性的病毒。

参观完多利的标本之后，根据维尔莫特教授的建议，小迪一家驾车返回罗斯林研究所，前往这个研究所的另一个实验农场，听说那里养了一群很特别的鸡。

路上，小迪跟爸爸聊了起来。

“这些鸡有什么特别的呢？”小迪好奇地问爸爸。

“这是一群能抗禽流感的转基因鸡。”爸爸回答道。

“我听说过禽流感，前些年曾在亚洲一些地方暴发过，好像还会传染给人呢，真可怕！”小迪想起前几年禽流感暴发时，爸爸妈妈都不让她去花鸟市场，因为那里有各种各样的鸟类，担心它们可能感染禽流感。

爸爸说道：“是的。禽流感也就是禽类中的流行性感冒，由一种流感病毒引起，主要在禽类中传播，但是一些变异的禽流感病毒表现出高致病性，还会感染其他动物，甚至是人类。1997年，一种名为H5N1的高致病性禽流感病毒首次在中国香港发现，直接导致了一名3岁小男孩患病身亡。为了避免该病毒的传播，当年香港就扑杀了150万只活鸡。之后，H5N1禽流感在2003年前后再次在东亚大范围爆发，后传播到欧洲和非洲，导致近千人感染，死亡人数超过感染人数的一半。禽类特别是养殖场的鸡，不仅深受高致病性禽流感病毒的致命威胁，还成为这些病毒传播给人类的主要帮凶。”

“这些可恶的病毒威力这么大，罗斯林研究所培育的转基因鸡怎么就不怕它们呢？”小迪听完爸爸介绍这些病毒，心有余悸地问道。

“待会儿我们听听科学家怎么说吧！”爸爸回答道。

很快，汽车停在了一个养殖场门口，小迪一家下车后，一个中等个子、体型微胖的年轻人走了过来。

“欢迎你们的到来！我是西蒙，是这个农场的技术人员，主要负责这里所有动物的繁殖、疾病防控和实验数据收集等工作。”那个年轻人自我介绍道。

“您好，西蒙博士，我们想看看抗禽流感的鸡，你对它们了解吗？”小迪爸爸唐博士问道。

“当然，这个养殖场的所有动物实验我几乎都参与过。”西蒙说着，将小迪一家领进养殖场，然后坐上了一辆像公园观光车一样的电瓶车。这时，小迪才发现这个养殖场非常大，一眼望不到头。约 5 分钟后，他们来到了一个小型养鸡场。

“这些就是抗禽流感的转基因鸡，跟你们之前见过的鸡在外表上没有什么区别吧？”西蒙博士指着一群鸡说道，“不过，它们体内都含有一段外来的 DNA，这段 DNA 会产生一段特殊的 RNA，其实这段 RNA 相当于一个诱饵，可以‘诱骗’禽流感病毒自投罗网，然后把它们抓住。当禽流感病毒被诱饵 RNA 捕获后，就不能进行复制了，病毒也就不再扩散。”

“哇，这太神奇了！这个主意是怎么想出来的，病毒又怎么会上当呢？”小迪有些将信将疑。

“是这样的，科学家发现，禽流感病毒的生存之道是先感染一些免疫力较弱的禽类，在这些禽类体内大量繁殖新的病毒颗粒，被感染的禽类则表现出感冒症状，这些新的病毒颗粒再通过病禽的呼吸系统和排泄系统，扩散到与之密切接触的其他禽类身上，导致禽流感暴发。其实，禽流感病毒结构比较简单，主要包括遗传物质——RNA，以及约 10 种不同的蛋白质和酶类。与其他病毒的感染过程类似，禽流感病毒侵入细胞之后，会释放出它们的 RNA。病毒 RNA 在三种 RNA 聚合酶帮助下，会在禽类细胞内复制新的病毒 RNA 分子，然后在这些 RNA 的指导下，合成构建病毒颗粒所需的蛋白质和酶类。接着，新的病毒 RNA 分子、新合成的蛋白质及酶类一起组装成新的病毒颗粒，并排出细胞外，寻找下一个感染对象。禽流感病毒之所以能在宿主细胞内进行复制，关键在于其中一种 RNA 聚合酶善于‘盗用’禽类细胞的起始 RNA，来启动病毒 RNA 的复制。”西蒙博士解释道。

“病毒 RNA 复制的过程有点儿像拉衣服拉链的过程。小迪，我们看看我的外套拉链的结构。拉链是由相互吻合的两条链牙和一个拉头组成的，右侧链牙下端有一个固定的插销，左侧链牙则有一个活动的插销。当要往上拉拉链时，必须先将拉头拉至固定插销处，再将活动的插销插入拉头的插座中，然后向上拉动拉头，才能完成拉拉链的动作。我们将原有的病毒 RNA 看成是有固定插销的链牙，将起始 RNA 看成是活动插销，RNA 聚合酶则相当于拉头，有活动插销的链牙相当于新合成的病毒 RNA。就像拉拉链必须将活动插销插入拉头的插座，并与固定插销相匹配一样，在病毒 RNA 复制过程中，RNA 聚合酶必须找到正确的起始 RNA，才能启动新的病毒 RNA 复制，因此起始 RNA 非常关键。当然，拉上拉链后，两条链牙是合二为一的，而病毒 RNA 复制完成后，新的病毒 RNA 是与原有的病毒 RNA 分离的。”唐博士怕小迪不明白，用自己衣服上的拉链打比方。

“爸爸，我好像有点儿明白了。”小迪对病毒 RNA 的复制过程有了初步了解。

“剑桥大学和罗斯林研究所的科学家正是利用病毒的这一特性，想出了一个绝妙的主意。他们设计了一个可产生‘假冒’起始 RNA 的基因结构，将其显微注射到鸡胚胎里，幸运地得到了一只转基因公鸡，通过配种后繁育出这一大群转基因鸡。转入的外源基因存在于鸡的所有细胞中，但它并不表达蛋白质，而是在细胞中大量合成一种假冒的起始 RNA，专门作为‘诱饵’，去结合禽流感病毒的 RNA 聚合酶。在正常情况下，病毒的 RNA 聚合酶一旦结合起始 RNA，会立即启动病毒 RNA 的复制，从而合成新的禽流感病毒，但是，这种诱饵 RNA 经过改造，并不能让聚合酶启动病毒 RNA 的复制，所以无法产生新的病毒。”西蒙博士接着说道。

“我知道了，这就好像有人将这件衣服拉链上的活动插销换成了其他衣服的活动插销，不能与原来的拉头相吻合，因此无法拉上拉链，对不对？”小迪说道。

“小迪理解得不错。西蒙博士，这些转基因鸡抗禽流感病毒的效果如何呢？”唐博士问道。

“为了验证这些转基因鸡是否具有抗禽流感病毒的能力，我们专门设计了一个攻毒试验。在严格的防护措施下，我们先用 H5N1 禽流感病毒分别攻击 10 只转基因鸡和 10 只非转基因鸡，然后将这些被病毒攻击过的转基因鸡分成两组，分别与 10 只转基因鸡和 10 只非转基因鸡饲养在一起，同时，对被病毒攻击过的非转基因鸡进行同样的分组和试验。结果显示，转基因鸡的抗禽流感病毒能力稍微强于普通鸡，但是与其一起饲养的其他转基因鸡或普通鸡的存活率都显著提高，表明转基因鸡显著减弱了禽流感病毒的传染能力，也证明我们设计的诱饵起始 RNA 发挥了作用。”西蒙博士回答道。

“现在禽流感疫苗不是已经研发出来了吗？那转基因鸡防控禽流感有什么必要吗？”唐博士突然想起目前国内开发了多种禽流感疫苗。

“是的，中国等国家已经研制出多种禽流感疫苗，对禽流感的防控发挥了重要作用。但禽流感病毒总是在不断变异，理论上可以产生几十种不同的病毒亚型。目前，科学家已确认可感染人类的高致病性禽流感病毒亚型就有 8 种，包括 H5N1 病毒亚型和 H7N9 病毒亚型。但是，一种疫苗往往只能针对一种或少数几种禽流感病毒亚型，对其他亚型的病毒就无能为力，如 H5N1 疫苗就不能用来对付 H7N9 病毒，因此疫苗的研发和应用存在较大的局限性。由于 RNA 聚合酶是所有流感病毒共有的，而且氨基酸序列相对保守。也就是说，不同亚型禽流感病毒的 RNA 聚合酶差异不大。因此，理论上，转基因鸡所表达的诱饵起始 RNA 有望对付其他亚型的禽类流感病毒。这项研究无疑提供了一个防控禽流感的新思路，一旦在养鸡场的试验获得成功，则可推广到猪、鸭等动物物种上。正因为这项研究具有重要的应用价值，其研究成果也发表在美国《科学》杂志上，进而引起了国际各大媒体的广泛关注。有些大型养殖企业对这些研究非常感兴趣，已经与我们洽谈合

H5N1
H5N1
H5N1

作事宜。”西蒙博士回答道。

“这项研究的确给动物传染病防控提供了很好的思路，希望这些转基因鸡早日走向市场。不过，这些鸡都是经过基因修饰的，是否存在安全问题呢？”唐博士觉得这个问题很重要。

“目前抗禽流感转基因鸡还处于实验室阶段，离真正产业化还有很长的距离。转基因鸡所转入的基因只是产生一小段与禽流感病毒聚合酶特异结合的起始RNA，理论上，不会对人和鸡本身有什么安全影响。当然，如果要像加拿大的转基因三文鱼一样被相关部门批准用于人类食用，这些转基因鸡还需要经过严格的安全评价和审批，只有证明食用安全性和环境安全性后，才有可能走向市场。”西蒙博士一边展望未来，一边带着大家往外走。

第五章
荷兰玉兔捣药忙

嫦娥奔月既是中国民间的美丽传说，也是中国古人的一种美好愿望，如今中国正在实施的载人航天计划，很可能把这个梦想变成现实。与嫦娥奔月相伴的另一个神话故事——月宫中的玉兔捣制长生不老药，也正在变成现实。不过，来自荷兰的转基因“玉兔”跑到了前面，捣制出一种治疗罕见水肿病的新药，成为全世界基因工程制药的领跑者。

离开罗斯林研究所，小迪一家回到了伦敦。大家兴致还很高，于是决定晚上出去领略一下伦敦夜晚的别样风光。他们坐上游船夜游泰晤士河，欣赏着灯火辉煌的议会大厦、圣保罗大教堂、伦敦塔、伦敦桥、伊丽莎白塔等著名景点。

晚上的天气真是不错！伦敦也似乎彻底甩掉了“雾都”的帽子，空气格外清新，这让小迪想起在北京经常戴口罩的日子，她希望北京的空气能赶紧好起来，不要像伦敦一样花费几十年才能战胜雾霾。

又大又圆的月亮悬挂在泰晤士河的半空中。“此时瞻白兔，直欲数秋毫。”看到如此明月，唐博士想起了杜甫的诗，不觉脱口而出。

“爸爸，这句诗是什么意思呢？”小迪问道。

“这是唐代诗人杜甫的《八月十五夜月》中的两句诗，意思是说这个时候仰望月宫中的玉兔，简直可以数得清它新生的白毛，形容月亮的明亮。”妈妈在一旁解释道。

“月亮里面哪有玉兔，都是神话传说。”小迪似乎已过了相信神话故事的年龄。

“不过神话传说也很有意思，有时候对古人来说只是遥不可及的美好愿望，但是在科技发达的现代就可能实现。比如，嫦娥奔月，原来也只是一个美丽的神话故事，现在却可能变成现实。1969年7月20日，美国航天员阿姆斯特朗首次成功登上月球，是人类历史上一大壮举。我们国家也正在实施载人航天计划，目前已成功用嫦娥3号飞船将玉兔号月球车送上了月球。或许在不久的将来，我国的航天员也会和美国航天员一样，在月球上漫步呢！”妈妈回答道。

“其实，关于月亮还有一个很有意思的传说，那就是嫦娥的宠物玉兔。相传嫦娥奔月时，为了排遣寂寞，还随身带着她的宠物玉兔一起来到月宫，玉兔白天主要陪伴嫦娥，晚上还有一项重要的任务，就是用捣药杵捣制长生不老药，供嫦娥及神仙们享用。”爸爸接着说。

“古人真能‘异想天开’，兔子怎么能捣药呢？”小迪疑惑地问。

“小迪，可不要小看‘异想天开’哟，从事科学研究就要敢于‘异想天开’。正是有人不断地‘异想天开’，才有了这么多科学发现和发明创造。比如，人类一直梦想能像鸟儿一样在天空中飞翔，直到20世纪初，美国莱特兄弟‘异想天开’地发明了飞机，我们今天才能如此轻松地进行环球旅行。虽然月宫玉兔捣药只是一个传说，但是在荷兰还真有一群兔子，正在忙于生产人类用的药物，明天我们就能看到它们是如何生产药物的，这也是科学家‘异想天开’的例子。”爸爸说道。

“还真有捣药的兔子？难道用它们的毛发做成药？”小迪好奇心大发。

“呵呵，当然不是。到时你自然就会明白荷兰兔子是怎么生产药物的。”爸爸先卖了个关子。

参观完伦敦的主要景点后，小迪一家登上了前往荷兰首都阿姆斯特丹的航班，一个多小时就到达了阿姆斯特丹国际机场。唐博士叫来一辆出租车，很快就来到了距离阿姆斯特丹不远的小城莱登市。出租车在一栋很不起眼的建筑前停了下来，一位50多岁的先生正在门口迎接小迪一家。

“唐博士，你们好！欢迎你们来到荷兰法铭生化科技公司，我是研发部的纽金斯。”纽金斯博士很有礼貌地与大家一一握手。“从唐博士的邮件中得知，你们对我们公司的基因工程兔感兴趣，我很高兴为你们介绍一下我们公司的基因工程兔。”

“纽金斯博士，您好！为什么基因工程技术能让一群普通的兔子变得像中国神话里的玉兔一样，拥有神奇的制药本领呢？”这个问题一直萦绕在小迪脑海中，现在小迪终于可以问纽金斯博士了。

“科学家发现，人体内有很多蛋白质是治疗疾病的良药，如生长激素可以治疗侏儒症，胰岛素可以治疗糖尿病，这些蛋白质主要存在于人体的血液和组织器官中。”纽金斯博士说。

“那是不是可以从人的血液和组织中提取这些药用蛋白质呢？”小迪问道。

“如果这些药用蛋白质临床用量较小时，是可以从人的组织中提取的，如一些血液蛋白质。但是大多数药用蛋白质用量一般都非常大，从人的组织中提取根本无法满足需求，而且生产成本非常高，价格昂贵。好在 20 世纪 80 年代，科学家发明了基因工程制药技术。最开始，科学家将指导合成一些药用蛋白质的人类基因转入大肠杆菌内。人类基因与大肠杆菌基因共用一套遗传密码，都是由 4 种脱氧核糖核酸组成的，也就是通常所说的 A、T、C 和 G 这 4 种碱基，只是排列顺序不同而已。当人类基因进入大肠杆菌中后，一部分大肠杆菌就犯了‘糊涂’，分不清哪些是外来的人类基因，哪些是自己原来的基因，只好都当成自己的基因。这样，外来的人类基因就混入大肠杆菌的基因组中，很快这些混入了人类基因的大肠杆菌就会分泌出它原本没有的重组人体蛋白质，第一代基因工程制药技术就这样诞生了。1982 年，治疗糖尿病的重组人胰岛素作为第一个基因工程药物问世，开启了基因工程制药时代。”纽金斯博士介绍起基因工程技术的发展历史来。

“原来胰岛素是第一个基因工程药物。我有一个表姐得了糖尿病，需要天天注射胰岛素，多亏科学家发明了这种基因工程药物。”小迪说道。

“不过，科学家逐渐发现，大肠杆菌不仅‘糊涂’，还比较‘懒’，生产效率很低，生产能力也很弱，遇到结构稍微复杂的人体蛋白质就不知如何是好了，充其量只能算基因工程技术的初级水平。”纽金斯博士继续说道，“当然，大多数科学家都认为，利用生物体来大规模生产稀有的人体蛋白质是一个非常绝妙的主意，于是很多科学家继续寻找效率更高的药用蛋白质生产方法。后来，他们发现中国仓鼠的卵巢细胞（CHO 细胞）不仅寿命长，而且能生产结构复杂的蛋白质，特别适合用来合成药用蛋白质。很快，CHO 细胞从各种备选的细胞中脱颖而出，成为最主要的生物制药生产系统。1987 年，CHO 细胞系统生产的第一个重组药用蛋白质在美国成功上市，是治疗心肌梗死的重组人组织纤溶酶原激活剂。目前，60% 以上的人用重组蛋白质药物都是这个系统生产的，每年创造的经济产值高达数百亿美元。”

“CHO 细胞技术必须依赖一些精密且昂贵的细胞培养设备，而且细胞生长所需的培养基也非常昂贵，这导致重组蛋白质的生产成本和售价都过高。有时 1 克重组蛋白质的售价竟然高达数万美元，大多数患者都很难承受这么高的药价，有时不得不放弃治疗。同时，CHO 细胞制药厂的投资成本也很高，动辄数亿美元，因此，CHO 细胞技术很少用于生产‘孤儿药’（用于预防、治疗、诊断罕见病的药品）。因为‘孤儿药’主要治疗那些发病率极低的罕见病，有的罕见病在 100 万人中也只有几个患者，药物的临床用量极少，如果采用高投资的 CHO 细胞技术生产，很难收回成本。”唐博士补充道。

“是的，科学家继续努力，希望找到一种生产成本低、效率又高的重组蛋白质生产系统，既能让那些收入较低的患者用得起药，也能让那些以前无药可用的罕见病患者有药可用。科学家发现，有些动物组织本身就是一个高效的蛋白质生产系统，如哺乳动物的乳腺和家禽的输卵管。有科学家认为，活体动物是最接近人体自身的蛋白质生产系统，优势在于：一是生产效率高，比如，1 升牛奶中就含有 30 多克蛋白质，1 个鸡蛋也有约 10 克的蛋白质；二是生产成本低，就拿基因工程兔来说，1 克重组蛋白质的生产成本不到 10 美元，而 CHO 细胞技术的生产成本则高达数百甚至上千美元。”

“那怎么才能让这些动物生产人的蛋白质呢？它们可不会乖乖听指挥。”小迪听明白了这三种技术有一个共同特点，就是都需要对这些生物或细胞的基因进行改造，但是对如何进行改造尚不清楚。

“简单来说，一个基因可分为三个组成部分，包括启动子序列、基因编码序列和终止序列。其中，启动子序列决定在什么组织分泌蛋白质、分泌效率如何，比如，有些乳蛋白质只在动物乳腺中分泌；基因编码序列负责指导对应蛋白质的合成，每三个碱基对应一个氨基酸，每种基因都有独特的编码序列；终止序列则是蛋白质合成的终止信号，同时负责保证蛋白质能稳定合成。因此，有科学家设想，如果将乳腺特异基因，如酪蛋白的启动子序列与人体药用蛋白基因编码序列重组，就有望在动物乳腺中高效生产出重组人体蛋白质。自从 1980 年第一个基因工程小鼠诞生以来，科学家就一直在尝试利用动物的乳腺或输卵管来生产重组人体蛋白质，我们公司的基因工程兔正是其中之一。具体做法是，将牛的一种酪蛋白基因启动子序列与人 C1 酯酶抑制剂基因编码序列组合成一个新的基因，将新基因显微注射到兔的受精卵中，把受精卵移植到母兔子宫内，产下的兔子就是携带重组人 C1 酯酶抑制剂基因的基因工程兔。经检测，这些基因工程兔所产的兔奶中含有多达 10 毫克 / 毫升的重组人 C1 酯酶抑制剂，这样，我们的基因工程兔就研制出来了。”纽金斯博士解释道。

“人 C1 酯酶抑制剂基因是什么？你们为什么选择它呢？”听了纽金斯博士的介绍，小迪又有了新问题。

“是这样的，在欧美人中有一种罕见的遗传病，患者四肢、脸部、生殖器、肠道、呼吸道等部位会出现短期局部水肿，严重时会出现剧烈腹痛，以及声门障碍引发的窒息。更令患者痛苦的是，该病会反复发作，影响一生，如果不加以治疗，还有可能导致患者残疾或死亡。此外，这种病还会世代遗传，因此被称为遗传性血管性水肿。遗传性血管性水肿被发现已有 130 多年了，但是很长时间内人们并不清楚该病是由什么引起的。直到 50 多年前，一位美国科学家才弄明白，这种病其实是由一种叫人 C1 酯酶抑制剂基因的突变引起的，其导致一些患者的血液中 C1 酯酶抑制剂含量不足，另一些患者的血液中大多数 C1 酯酶抑制剂根本就没有活性，这都会引发遗传性血管性水肿。”纽金斯博士答道。

“利用大肠杆菌或CHO细胞等基因工程技术生产出C1酯酶抑制剂，不就可以治疗这种遗传病吗？”小迪问。

“理论上是可以的。不过，由于遗传性血管性水肿属于罕见病，全球每10万个人中也就1～2人患病。之前，医生只能用一些辅助药物暂时缓解症状，疗效非常有限。直到2008年和2009年，美国食品药品监督管理局才相继批准两种从人的血浆中提取的C1酯酶抑制剂用于遗传性血管性水肿治疗。不过，人的血浆来源有限，而且血浆中的C1酯酶抑制剂含量非常低，导致这两种药物价格同样非常高，而且存在携带致病微生物的风险。如果用大肠杆菌生产，蛋白质的活性不能保证，而用CHO细胞生产，价格又太昂贵。我们开发的基因工程兔就可以解决大肠杆菌生产系统活性偏低和CHO细胞生产系统成本过高的问题。”

纽金斯博士一边说着，一边把小迪一家领到一个大的制药车间门口。大家换上一次性的防护服，经过紫外线消毒区进入车间。小迪发现这个车间很特别，里面全是各种看上去非常精密先进的仪器设备，还有几个纤细小管连接到隔壁玻璃房里，而玻璃房里竟然是一只只整齐排列的大白兔，有些正在悠闲地吃着青草，有些大白兔腹部还连着一些管子。

“这里是我们的重组蛋白质原料生产车间，包括基因工程兔养殖车间和重组蛋白纯化车间，都要求高度洁净，严格控制微生物。瞧，工作人员正在给那些基因工程兔挤奶，将兔奶收集到一起后，用专用管道输送到纯化车间的离心仪器中，离心机高速旋转后，兔奶中的主要成分将按质量分离开。其中，上层为乳脂，下层为酪蛋白，中间层则是乳清。重组蛋白质就在中间的乳清中。将乳清输送到这几台蛋白质纯化设备里，可以进一步去除其他杂质，得到高纯度的重组人C1酯酶抑制剂，之后就可以进入药剂生产车间加工成药品了。当然，药品上市之前需要经过政府部门的新药评审和批准。大约10年前，我们首次向欧洲药品评价局提交了重组人C1酯酶抑制剂作为治疗遗传性血管性水肿的新药申请。经过严格审查，到2010年年底，欧洲药品评价局最终批准了重组人C1酯酶抑制剂在欧洲的上市申请。4年后，美国食品药品监督管理局也批准了重组人 C1 酯酶抑制剂在美国的上市申请。目前，我们的重组人 C1 酯酶抑制剂已获准在全球 40 多个国家销售，包括中国。”纽金斯博士自豪地说。

“真了不起，祝贺你们，你们开创了基因工程制药的新时代。”唐博士称赞道。

“谢谢，其实我们并不是第一个开发基因工程动物药物的团队。美国开发的基因工程山羊才是基因工程动物制药领域名副其实的‘领头羊’。而不久前刚刚批准上市的基因工程鸡重组蛋白质药物也为我们提供了新的思路。”纽金斯博士说。

“原来生产救命药的神奇动物还有基因工程山羊和基因工程鸡。爸爸，那我们也得赶紧去参观一番。”小迪听完纽金斯博士的讲解后，对那些能生产救命药物的基因工程动物产生了浓厚的兴趣。

第六章

生产救命灵药的领头羊

在基因工程动物制药的竞赛中，美国科学家培育的基因工程山羊拔得头筹，所生产的重组蛋白质药物成为全球首例基因工程动物来源的医药产品，使其成为全球基因工程动物制药领域的"领头羊"。这既得益于一些科学家的创新思维，又得益于后续研究人员的不懈努力。

"是的，20多年前，利用基因工程动物生产人用药物还只是一些科学家的'异想天开'，经过众多研发人员的不懈坚持，基因工程山羊终于突破重重障碍，成为基因工程动物制药技术的'领头羊'。可见，要实现科学技术的创新，既需要有创新的头脑，又需要坚持不懈的努力，才能最终让科技创新造福人类。"唐博士说道。

"真是太不容易了，开发一个新药竟然需要20年的时间。他们是怎么做到的呢？"小迪感受到科技创新的不易。

唐博士以前就是从事基因工程动物制药技术研发的，对这一领域发展的历程非常清楚，于是给小迪详细讲解了起来。

原来，用动物乳腺生产重组药用蛋白的主意是由英国爱丁堡大学一位名叫保罗·西蒙斯的科学家想出来的。1987年，他和另外两位同事在英国著名的《自然》杂志上发表了这一开创性的研究成果。他们借助显微镜，用极为细小的玻璃针管，将绵羊β-乳球蛋白基因注射进入小鼠的受精卵内，获得了一批基因工程小鼠，他们发现这些小鼠乳汁含有绵羊β-乳球蛋白，这是科学家第一次在动物乳腺中生产出其他物种的蛋白质。

次年，受西蒙斯研究的启示，美国国立糖尿病消化与肾病研究所的研究人员将一种编码人体蛋白质的基因与小鼠乳蛋白基因的启动子组建成新的基因，转入小鼠基因组，结果在小鼠乳腺检测到这种人体蛋白质，从此正式开启了基因工程动物制药时代。

之后，很多具有药用功能的人体蛋白质相继在基因工程小鼠乳腺中得以生产和分泌，能高效分泌重组人体药用蛋白质的基因工程奶牛、羊和兔也相继被培育出来，开启了基因工程动物制药的科技竞赛。而能在乳汁中合成重组人抗凝血酶Ⅲ的基因工程奶山羊在这场科技竞赛中拔得头筹，成为基因工程动物制药领域真正的“领头羊”。

“当然，这些基因工程山羊并非浪得虚名，它们与研发人员一起经历了很多困难和障碍，有时甚至处于生死存亡的关头。这项技术到现在都处于前沿，对于研发人员和政府部门的评审专家来说，这是前所未有的尝试。很多相关的政策和标准需要重新制定，各国药品审批部门对新技术和新产品的审批也非常谨慎小心。由于政府审批时间拖得很长，基因工程山羊项目经常面临研究经费短缺的窘境，研究团队也随时有解散的风险。”因为唐博士也有过相似的经历，所以感慨良多。

“为什么非得用基因工程动物呢？基因工程细菌和动物细胞制药技术不是也很成功吗？”小迪不明白科学家为什么非要迎难而上。

“虽然第一代和第二代基因工程制药技术都取得了不小的成功，但都存在明显的不足。正如我们之前了解到的，基因工程细菌只能生产一些结构简单、分子质量很小的蛋白质，而大多数药用蛋白质结构往往比较复杂，基因工程动物细胞虽然能生产这些结构复杂的蛋白质，但是生产成本太高，因此，那些研发基因工程动物制药技术的科学家希望能生产出结构复杂、药效显著的重组蛋白质药物，而且希望大多数患者能用得起，这正是驱使科学家不断前进的动力。”唐博士解释道。

“原来是这样，这些科学家真是好样的。那我们什么时候去拜访这些基因工程山羊及它们的创造者呢？”小迪有些迫不及待了。

“如果说欧洲是世界上第一代生命科学研究中心，那么美国就是第二代生命科学研究中心，也是目前全球生命科学研究的中心。那里诞生了很多凝聚人类智慧又非常有意思的神奇动物，它们可能是未来人类社会不可或缺的朋友，为我们治疗以前无药可医的疾病，为我们提供可替换的组织器官，为我们探索未知的生命奥秘。其中，基因工程动物制药的‘领头羊’就在美国马萨诸塞州波士顿市，我们接下来就去参观吧。”唐博士说道。

不久之后，唐博士坐上了前往波士顿市的航班。

小迪一家到达波士顿市后，又乘坐半个小时的出租车，来到了一个叫弗雷明汉的小镇。一群创造历史的山羊就生活在离小镇约 5 千米的农场里。这个农场周围绿树环绕，环境宜人。这群山羊之所以定居在这里，除了这里自然环境优美以外，主要还是因为这里远离人群聚集区，便于防疫。

唐博士打电话给一个多年前在学术会议上认识的老朋友——高登博士，他是这些基因工程山羊的主要研究人员。高登博士很高兴地快步从办公室里走出来，给了唐博士一个大大的拥抱。

“欢迎你们的到来，前几天收到你的邮件，非常高兴你们能来，刚刚特意去羊场看了看那些可爱的羊，一切都非常好。它们随时欢迎你们。”高登博士热情地说着。

“高登博士，多年未见，你还是这样幽默。你们的羊宝贝想必和你的气色一样好吧！你知道，正如我在邮件里提到的，我们计划建设一个‘神奇动物世界’主题公园，将一些高科技动物集中起来，让中国乃至全世界的年轻朋友参观学习。作为第一个获准治病救人的基因工程动物，你们的羊宝贝肯定是必不可少的成员。”唐博士也热情地回应道。

“太好了！我很荣幸能为你们推荐我们的基因工程山羊，它们生产的重组人抗凝血酶Ⅲ正在发挥越来越重要的作用。”高登博士说。

“抗凝血酶Ⅲ是什么东西？有什么特殊的功用吗？”小迪对这个名字比较陌生。

“顾名思义，抗凝血酶Ⅲ是一种能阻止血液凝固的酶类，也是人的血液中最重要的抗凝血因子。它由人的肝脏细胞合成和分泌，是人的血液中一种较为复杂的糖蛋白，在血浆中承担着 70% 的抗凝血酶活性，一旦缺乏，机体则无法及时分解清除血管壁上的或已脱落的血栓块，容易出现静脉血管堵塞等症状，这种症状也被称为静脉血栓栓塞。由于负责合成抗凝血酶Ⅲ的基因发生突变，有些人体内先天缺乏抗凝血酶，这属于遗传性抗凝血酶缺乏症，1 万人中有 2 ～ 4 人会患上这种遗传病。一般情况下，该病并不算重症，但是在大手术、孕妇分娩等高危状态下，如果抗凝血酶Ⅲ缺乏，有可能发生静脉血栓栓塞事件，这就很危险了，严重时甚至可能危及患者生命。”高登博士开始讲解。

“原来人体内缺乏抗凝血酶Ⅲ的危害这么大，那怎么治疗呢？”小迪问道。

“很多临床研究发现，给抗凝血酶缺乏症患者静脉注射抗凝血酶Ⅲ，能有效预防和治疗急、慢性血栓栓塞的形成。但是，在我们的基因工程山羊技术出现之前，抗凝血酶Ⅲ只能从人的血清中提取，而人的血清中抗凝血酶含量极其少，很难大规模提取。另外，人血主要依靠成千上万的志愿者献血，存在潜在的感染风险。如果利用基因工程山羊乳腺生产抗凝血酶Ⅲ，则有望解决这些问题。这主要体现在两个方面：一方面，其产量高，一头基因工程山羊一年所生产的重组抗凝血酶，相当于10万个献血者一次献血所能提供的抗凝血酶；另一方面，重组抗凝血酶来源于同一群遗传稳定、无特定病原微生物的基因工程山羊，这就避免了不同来源的人血液中可能携带病原微生物的风险。”高登博士回答道。

“20世纪90年代初，国际上掀起了基因工程动物的研究热潮。美国塔夫特大学几位科学家一商议，决定培育能在乳腺中高效表达重组人抗凝血酶Ⅲ的基因工程山羊。他们首先将人抗凝血酶Ⅲ基因与山羊乳腺特异表达基因进行优化组合，借助显微镜，用超细小的玻璃针管将这种新基因注射到山羊的受精卵细胞核中。大多数受精卵会比较排斥这种外源基因，但有极少数的山羊受精卵碰巧会接纳这种外源基因，并把它们当作其基因组的新成员，与自身的其他基因排列在一起。科研人员便把这种接纳了外源基因的山羊受精卵移植到母羊子宫内，让其发育成熟，生下的一些小羊携带人抗凝血酶Ⅲ基因，等其中的母羊泌乳后，羊奶中就含有重组人抗凝血酶Ⅲ。这样，抗凝血酶Ⅲ基因工程山羊就培育成功了。”高登博士讲得绘声绘色。

高登博士在介绍的同时，已经把小迪一家带入洁净、宽敞的养殖

区，就连以前经常与养殖场打交道的唐博士，也没有见过如此漂亮的养羊场。在一条密闭的参观走廊里，小迪举目四望，只见小羊们在宽敞的羊圈里嬉戏玩闹，公羊们悠闲地吃着青草，母羊们则整齐地排着队，准备进入挤奶装置，希望尽快将多余的奶汁排出去，仿佛知道这些羊奶是用来治病救人的。挤奶设备记录着每只母羊每天的产奶量、乳汁成分等指标，同时给它们做一次身体检查，以保证每只母羊所产的羊奶都符合产品标准。

“这些抗凝血酶基因工程山羊都是通过美国农业部健康认证的，以保障不会有病原微生物进入最终的产品中。当然，培育出抗凝血酶基因工程山羊只是迈向成功的一小步，后面还有很长的路要走，包括建立一个稳定的群体、从羊奶中纯化重组蛋白、开展临床试验、向美国食品药品监督管理局申请新药证书，等等。这个过程我们花了整整 15 年时间，最终于 2006 年和 2009 年相继在欧盟和美国获得新药证书。”

参观完羊舍，高登博士又把大家带到了制药车间。跟基因工程兔制药厂有些类似，羊奶被收集起来后，即刻被运送到蛋白纯化车间，用精密的纯化仪器将重组人抗凝血酶从数千种杂质中分离出来，然后用超低温冷冻设备将其冷冻成白色粉末，装入小瓶中就大功告成了。

“回首我们走过的历程，虽然很辛苦，但是大多数参与这项研究的科学家都表示，能为这样划时代的创新工作贡献自己的力量，他们感到非常骄傲。”高登博士平静地说。

“你们的工作真是太棒了，不愧是基因工程动物制药技术的‘领头羊’！你们为有志于利用基因工程动物治病救人的科学家树立了榜样，增强了信心。”唐博士由衷地赞叹。

小迪也非常钦佩这些科学家，暗暗地下定决心，一定要好好学习，将来也能像这些科学家一样，在科技上有所创新。

第七章
能救命的神奇鸡蛋

一些婴儿得了一种怪病，出生不久就会出现肝脏肿大、肝脏纤维化和肝硬化等严重症状，之后更多组织器官遭受损伤，大多数患儿都活不过半岁。正当医生们束手无策之时，一群经过基因改造的神秘母鸡闪亮登场，在其所产的鸡蛋中分泌出一种其他鸡蛋从来没有出现过的酶类物质，这些患儿注射这种酶之后，奇迹出现了。

参观完基因工程山羊，小迪一家再次为生物技术的神奇力量所震撼，一群看似普通的山羊经过科学家的基因改造，不再是为几个人提供羊奶和羊肉，而是能拯救成千上万患者的生命，而且这些患者并不需要付出高昂的医疗费用。

"这种制药用的基因工程动物还有很多，就在我们刚刚参观的制药厂附近 100 千米左右的地方，有一个特殊的养鸡场，里面生活着一群白鸡，它们下的鸡蛋并不是让大家吃的，而是要送到制药厂生产蛋白质药物。"唐博士当初看到美国食品药品监督管理局批准第一个基因工程鸡生产的重组蛋白质药物的消息，也非常惊讶。没想到这家生物制药公司动作如此之快，在人们正在猜测第三例基因工程动物乳腺生产的重组蛋白质药物什么时候出现时，他们另辟蹊径，在短短几年时间内，竟然开发出新的生物制药平台和产品。

"难道鸡也能生产药物？是不是疫苗呀？听说我们小时候打的很多疫苗都是用鸡蛋生产出来的。"小迪想起小时候打疫苗总是心有余悸，每次一见到护士阿姨就害怕，针头还没有落下，她已经哭得不可开交了，有一次竟然躲进厕所不出来，现在想起来都有点儿不好意思呢！

"是的，生产疫苗也是鸡蛋对人类的一项重要贡献。麻疹疫苗、流感疫苗等很多疫苗都是用鸡蛋中的鸡胚培养的。在疫苗生产车间，工作人员将某种传染病病毒接种到孵化 10 天左右的鸡胚，让这些病毒依靠鸡胚的营养成分生长繁殖，然后收集这些病毒进行无毒化处理，这些经过无毒化处理的病毒正是疫苗。这种用病毒改造而来的疫苗被注射到人体后，不再具有感染毒性，但是能引发人体免疫反应，人体则产生大量抗体以应对下次入侵的病毒。不过我们接下来要参观的基因工程鸡，也跟基因工程山羊和兔一样，都是用来生产重组蛋白药物的。只是基因工程山羊和兔是通过乳腺来生产重组蛋白质的，而基因工程鸡则是在鸡蛋中大量合成外源药用蛋白质。"

第二天，小迪一家租了一辆汽车，自驾一个多小时，来到一个小型工业园区，基因工程鸡养殖基地正位于其中。这个工业园区位于一个小镇的郊区，四周被树林环绕，只有零星几栋私人别墅，环境非常安静，空气也非常清新。

唐博士通过一个在美国的同学联系到负责基因工程鸡场管理的劳拉女士。打完电话联系后，一位体型微胖的中年妇女走了出来。"大家好，欢迎你们来参观我们的鸡场。参观之前，我先说一下注意事项：我们的鸡场防疫要求非常高，要求参观者一个星期内没有接触过禽类，进门之前和出门后都需要用消毒水洗手，还必须穿上我们准备的防疫服。"劳拉女士开门见山，因为防疫是她工作的第一重点，一旦染上禽流感等传染病，这里所有的鸡都可能"全军覆没"，损失将无法估量。

劳拉用指纹打开一道门，指引大家进入一个小型更衣室，小迪一家用消毒水反复清洗手和手臂之后，换上了几乎是全封闭的防疫服，穿戴上塑料鞋套和手套，并把袖口和裤口的缝隙都扎紧。当大家都做好防疫准备之后，劳拉再次用指纹打开房间的另一扇门，大家发现里面是一个有紫外灯的狭长通道，大约有10米长，通道尽头还有一道门，仍然需要劳拉用指纹打开。

走出消毒通道之后，小迪长长吁了一口气，被紫外灯照射久了，总是担心自己的基因会不会被照射变异。不过，她后来通过查阅资料才弄明白，其实短时间的紫外线照射，只能杀死衣服表面的细菌，并不会对自身的细胞造成伤害。

从消毒通道出来后大家并没有看到鸡，而是被带进一个电梯。原来这个养鸡场在屋顶设计了一个透明的玻璃参观通道，这让恐高的小

迪妈妈有点儿害怕。倒是从小胆子大的小迪非常兴奋，想不到这个养鸡场竟然也有玻璃桥。其实，养鸡场设计这个玻璃参观通道，一方面是便于参观，可以让参观者一览整个鸡舍的全貌；另一方面也是为了防疫。

“不好意思，我们的防疫措施有点儿烦琐，但这是必不可少的，因为这样做不仅是对这些鸡的健康负责，也是对成百上千个婴儿的生命负责。”站在玻璃通道中央，劳拉解释道。

“这些鸡竟然还与婴儿的生命有关？难道婴儿们需要吃这些鸡蛋或鸡肉吗？”小迪看到母鸡和鸡蛋，联想到的最多的还是妈妈炖的老母鸡汤，以及姥姥做的蛋糕和西红柿炒鸡蛋，这些可都是小迪的最爱。

“当然不是，我们这些鸡所产的鸡蛋并不是用来吃的，鸡肉也没有被批准食用。这些鸡蛋主要用于提取一种叫人溶酶体酸性脂肪酶的特殊成分，用来救治一些体内先天缺乏这种酶的小婴儿。要知道，患有这种遗传病的小婴儿一般活不过半岁，平均寿命也就三个月左右。”劳拉回答道。

“啊，这些婴儿太可怜了，只能活这么短的时间。这种遗传病怎么这么可怕呀？”小迪为那些患病的可怜婴儿感到难过，他们的父母又该多伤心呀，好不容易有了一个小宝宝，转眼就要生死离别。

“这是一种非常罕见的遗传病，大约每 30 万人中有 1 人可能会患上这种病。这种遗传病的名字又叫作沃尔曼病，是 60 多年前一位以色列波兰裔医生摩西·沃尔曼首次发现的，所以叫这个名字，这也是医学界命名疾病的惯例，以表示对首位发现者或研究者的尊重。开始，这些婴儿只是表现出转氨酶升高、血脂异常等一些常见的症状，但是很快就会出现肝脏肿大、肝脏纤维化和肝硬化等严重症状，之后，更多组织器官遭受损伤，最终死亡。后来，医生们发现，这种遗传病主要是因为体内负责合成溶酶体酸性脂肪酶的基因发生了突变，导致体内缺乏溶酶体酸性脂肪酶，而这种酶对于婴幼儿的生长发育至关重要，主要负责分解胆固醇和三酰甘油，维持体内胆固醇含量的相对稳定。一旦缺乏这种酶，人体就无法分解脂肪，脂肪就会在肝脏、脾脏、血管壁等地方堆积，进而导致肝脏等器官严重病变，直至死亡。”劳拉女士解释道。

“这种遗传病主要威胁婴儿吗？”唐博士问道。

“其实，也有一些稍微幸运的患者，他们体内的溶酶体酸性脂肪酶并没有完全缺失，只是含量很少，或者大多数没有活性。他们往往能闯过婴儿期的危险阶段，但是通常在儿童早期或成年期表现出症状，只是病情发作较为缓慢，症状包括肝脏肿大、纤维化和肝硬化，并伴随心血管疾病等并发症，这一类病被医生们称为胆固醇酯沉积病，发病率每百万人中大约有 25 人。”劳拉继续说。

“难道就没有什么好的治疗方法，帮助这些患者解除痛苦吗？”小迪关切地问道。

“很遗憾，溶酶体酸性脂肪酶缺乏症的患者数量较少，之前并没有引起国际医药界的重视，导致一直没有有效的治疗方法。临床医生只能对患病婴儿使用营养和维持疗法，而对成年患者则使用些降血脂药物，但只能缓解部分症状，无法解决肝脏中脂肪堆积等问题，有些患者不得不采用肝脏移植来解除一些痛苦。”劳拉说。

“你们的研究团队是如何想到利用基因工程鸡来生产这种酶的呢？”唐博士问道。

“是这样的，为了找到理想的治疗手段，科学家先用小鼠来做实验。他们在小鼠体内找到溶酶体酸性脂肪酶的基因，并破坏了小鼠的这个基因。结果，小鼠也出现了沃尔曼病症——因体内缺乏溶酶体酸性脂肪酶而无法分解脂肪。当把溶酶体酸性脂肪酶再次注射到小鼠体内后，科学家惊奇地发现，小鼠的沃尔曼病症得到了明显改善。因此，科学家推测，给沃尔曼病患者注射溶酶体酸性脂肪酶，可能是治疗这种病的一种有效方法。接下来的问题就简单了，即如何生产溶酶体酸性脂肪酶。大家知道，溶酶体酸性脂肪酶主要存在于人的血液、肝脏等组织中，含量极其微小，难以大规模提取。科学家先后尝试了用基因工程 CHO 细胞、酵母和转基因植物来生产重组人溶酶体酸性脂肪酶，但都没有取得满意的结果。另外，由于 CHO 细胞和酵母等方法生产成本太高，对于用量较小的‘孤儿药’，很难获得可观的利润，因此，大多数制药公司都不愿意研发生产。”劳拉回答道。

接下来，劳拉详细介绍了他们公司开发的基因工程鸡制药技术，基本思路是通过基因重组技术，让这类酶能在鸡蛋清中大量合成，然后从鸡蛋清中提取纯化出该种酶，用于疾病治疗。该技术不仅能大量生产高活性的重组人溶酶体酸性脂肪酶，还能大幅降低其生产成本，可谓两全其美。

与其他基因工程动物一样，基因工程鸡制药技术的第一步是培育出能合成和分泌重组蛋白的基因工程鸡。研发人员首先从人类基因组中找到了一种编码溶酶体酸性脂肪酶的特殊基因，为了让这种酶能在鸡蛋清中大量合成，研究人员借助于鸡的卵清蛋白基因，因为卵清蛋白是鸡蛋清中含量最高的蛋白质，约占蛋清蛋白质的 2/3。研究人员将卵清蛋白启动子，也就是控制蛋白合成的开关，与人溶酶体酸性脂肪酶基因序列拼在一起，组合成新的基因，然后将新基因转入鸡的输卵管细胞中，产生的鸡蛋孵化后就是基因工程鸡。其中，基因工程母鸡所产的鸡蛋含有大量的重组人溶酶体酸性脂肪酶，研究人员将这种酶分离出来，用于救治那些得了溶酶体酸性脂肪酶缺乏症的患者。

顺着劳拉所指的方向，小迪发现这些鸡的确被分成不同区域，种鸡区内有上百只母鸡，只有十几只公鸡。这些公鸡和母鸡的主要任务是繁殖新的基因工程鸡，这些母鸡所产的鸡蛋被放到孵化箱中孵化，孵化出来的小鸡被放入保育区进行精心饲养，以让它们健康快乐地成长。产蛋区是这个养殖场最大的区域，每天有数千只母鸡辛勤地产蛋，它们所产的鸡蛋通过自动传送带运送到不远的一个相对隔离的蛋清收集车间里。在这里鸡蛋被机器破碎，鸡蛋清被收集到一些不锈钢容器内，很快就被运送到蛋白纯化车间进行重组蛋白的纯化，之后再进入制药车间被加工成药品。不过，蛋白纯化车间和制药车间并不在这个养殖区域，因此，小迪一家没能看到后续的处理过程。劳拉说，基因工程鸡制药的后续过程与基因工程山羊和兔的非常相似，小迪他们也就没有什么遗憾了。

“除了在这里看到的养鸡场，我们还在佐治亚州建有两个类似的养殖场，以及一个鸡蛋清分离车间。这样设计一方面是生产的需要；另一方面则是保种需要，万一某个养鸡场遭遇不测，其他养鸡场可以保证药品的充足供应。”劳拉介绍道。

培育出基因工程鸡之后，同样需要进行临床试验，以确保重组蛋白药物安全有效。在一项已完成的临床试验中，经过连续 4 周、每周注射一次该药物之后，9 名沃尔曼病患儿中有 6 名婴儿（约为 67%）在 12 个月时仍存活。不幸的是，对照组的 21 名婴儿未注射这种药物，结果都没能存活。在另外的临床试验中，该药对溶酶体酸性脂肪酶缺乏症的成年患者也有较好的疗效，且没有明显的副作用。

由于长期以来缺乏针对溶酶体酸性脂肪酶缺乏症的有效药物，美国食品药品监督管理局对该药物非常重视，决定给予该药物“孤儿药”资格和突破性治疗药物资格，并优先审评，在该药物完成临床试验不到 1 年，美国食品药品监督管理局于 2015 年 12 月 9 日正式批准了该药物用于治疗患者的溶酶体酸性脂肪酶缺乏症，这是全球首个也是唯一治疗该病的重组蛋白药物。不久，该药物也被日本药品监督部门批准，另外，欧盟药品监督部门早已于 2015 年 9 月率先批准其上市，预计该药很快会在更多国家获得批准，并减轻更多人的痛苦，甚至是挽救他们的生命。

第八章
鸟界歌王不着调

在大自然中，很多雄鸟从小就必须刻苦努力，反复练习，从父辈那里学会唱一种非常优美动听的“情歌”，以期在今后的“情歌”比赛中赢得歌王的称号，这样才能获得心爱雌鸟的欢心，与雌鸟成双结对，繁衍后代。不过，美国洛克菲勒大学的科学家率先培育出一种斑胸草雀新品种，它们虽然“情歌”学不会，唱曲老跑调，却有可能在人类神经系统疾病研究中扮演非常重要的角色。

结束参观后，小迪一家与劳拉挥手告别，走出了这家特殊的养鸡场。

唐博士思绪良多，不禁问道：“小迪，你觉得我们参观的这几个基因工程动物制药公司有什么共同点？”

“这些制药公司好像都是针对遗传病的，而且都是罕见的遗传病。”小迪回答道。

“是的，爸爸以前没有太多考虑这一点，只把目光集中在临床用量大、市场价值高的生物药上，但是这种药物的开发往往竞争很激烈。现在，我们发现国际上这几家基因工程动物制药公司都不约而同地针对罕见遗传病，重点开发疗效显著的‘孤儿药’，竞争小，市场有需求，而且政府也支持。要知道，光是单基因遗传病就有数千种，所以基因工程动物制药技术还是很有前途的，相信还会有更多的制药基因工程动物出现。我们的‘神奇动物世界’主题公园要把这些制药动物作为重点进行展示，将来也要组织科研人员加快这方面的研究。”唐博士说道。

展望“神奇动物世界”主题公园的建设，唐博士觉得很有发展空间，也非常有必要，不仅能激起大家特别是青少年对生命科学的学习和研究兴趣，而且能聚集很多青年科学家一起在生物科技领域取得更多的创新成果。

“小迪，我们已经参观了两种基因工程鸡，分别是抗禽流感的鸡和生产重组蛋白的鸡。其实还有一些鸟类也是用基因工程技术加以改造的，不过其目的既不是培育抗病品种，也不是生物制药，而是作为人类疾病模型，研究相关疾病的致病机理，开发出具有针对性、疗效显著的药物和治疗方法。”

“小鸟不是用来观赏的吗？就像咱家小动物园里的画眉鸟，唱歌多好听呀！科学家竟然把鸟儿当人类疾病模型，我这是第一次听说呢！它们应该很好玩吧，它们在哪儿呢？”

“它们就在位于纽约市的洛克菲勒大学，正好离我们现在的位置很近，开车也就 3 个小时左右。我们可以租一辆车，慢慢开到纽约，顺便看看沿途的风景。说起洛克菲勒大学，它本身也非常值得参观。这所高校拥有近 80 个独立的实验室，专注于生物医学研究。它也是迄今世界上在生物医学领域拥有诺贝尔奖获得者最多的机构，到 2017 年年底已在医学、化学领域涌现出 24 位诺贝尔奖获得者。”

小迪一家回到宾馆舒舒服服睡了一大觉，第二天早上唐博士开着租来的汽车，一路走走停停，看到路边美景，就下车拍个照，看到休息区就歇歇脚，中午时分才来到位于纽约市的洛克菲勒大学。

令人惊喜的是，接待小迪一家的竟然是一位中国留学生，叫刘万春，原来他正在洛克菲勒大学动物行为实验室从事研究工作，也正是转基因斑胸草雀的主要研究人员。

简单寒暄之后，刘万春博士带着小迪一家来到他所在的实验室。这是一个并不宽敞的实验室，实验台上放满了各种仪器，几台超低温冰箱挤在墙边。虽然这个实验室很拥挤，但却整理得井井有条，几个年轻的研究生正在忙着自己的试验，没有顾得上跟小迪一家打招呼。

很快，刘博士又把大家带到一个用玻璃窗隔开的、相对独立的隔音室，这里面有两只小鸟。小鸟的体形与常见的麻雀有些相似，但是比麻雀要漂亮。这两只小鸟的羽毛以青蓝灰色为主，鸟嘴和眼睛后下方呈深红色，胸部下方两侧呈栗红色，并分布有白色小圆点，尾羽有较规则的黑白色横纹。小迪以前在宠物市场曾看见过它们，所以一眼就认出了，这是原产于澳大利亚等地的斑胸草雀。斑胸草雀是一种非常重要的模式动物，经常被用于神经科学、生理学、生殖生物学等

领域的研究。

只见研究人员正在用录音机反复播放一段悦耳的鸟叫声，其中一只斑胸草雀学得有模有样。显然，通过一段时间的学习，其叫声越来越接近录音机里的鸟叫声，婉转动听。而另一只斑胸草雀身体有点儿微微颤抖，却总也学不会录音机播放的鸟叫声，似乎只学会其中一两个音节，叫得断断续续，就像人说话有点儿结巴似的。

“瞧，这只鸟唱歌跑调了。”小迪觉得那只结巴的小鸟很有意思。

“呵呵，这两只斑胸草雀都是幼年雄鸟，我们正在让它们学习一种斑胸草雀雄鸟都会唱的‘情歌’。在繁殖季节，雄鸟们会举行‘情歌’比赛，谁当上‘歌王’，谁才能赢得雌鸟的欢心。因此，雄鸟从小就必须从它们的父辈那里学会这种‘情歌’的鸣叫声。而录音机里播放的正是成年斑胸草雀的‘情歌’片段，我们以此来观察这两只斑胸草雀幼鸟的学习能力。”刘博士介绍道。

“哈哈，真有意思，小鸟还要学习唱‘情歌’。那这两只小鸟的演唱能力怎么差别那么大呀？”小迪兴趣更大了。

“这正是我们想要的结果，因为这只唱得好的斑胸草雀是只普通的幼年雄鸟，学习鸣叫声的能力表现正常。而这一只有点儿‘结巴’的斑胸草雀是经过基因改造的，正是这种基因改造让它在‘情歌’比赛中大失水准。”刘博士解释道。

“原来是经过基因改造了，一般来说，基因改造是为了赋予动物某些特殊的能力，比如，我们之前参观的抗病毒转基因鸡、生产重组蛋白的转基因鸡，等等，为什么你们却让小鸟学习能力变差呢？”小迪继续问。

“是这样的，大多数鸣禽要唱出一曲婉转动听的‘情歌’，并非天生的，都需要从小刻苦地从父辈那里反复学习正确的鸣唱方式，长大后才能跟家族的其他雄鸟一样，唱得一曲婉转动听的‘情歌’，斑胸草雀就是其中之一。科学家研究发现，鸣禽学习鸣唱的过程与人类婴儿的语言学习颇为相似，可以分为两个阶段：第一个阶段为感觉学习期，幼鸟需反复听成鸟的鸣唱，以成鸟的鸣唱为模板，在大脑中形成鸣唱模板的记忆，就像婴儿咿咿呀呀学说话时先记住一些单词一样；第二个阶段为感觉运动学习期，鸣禽通过听觉反馈将自己发出的鸣唱与模板进行匹配，也就是对比一下自己的声音是否与父辈的鸣叫声一样，然后经过小范围的调整，逐步建立与成鸟的鸣叫声几乎一样且稳定的鸣唱。除了人类，鸣禽这种鸣唱学习能力在自然界中只有几种动物能够掌握，包括大象、白鲸、海豚和蝙蝠等，而经常用来研究人类行为的啮齿类动物和与人类亲缘关系最近的其他灵长类动物均不具备这一本领。与人类的语言学习一样，斑胸草雀的鸣唱学习也涉及复杂的神经反应，因此，斑胸草雀已成为研究神经科学，甚至神经系统疾病的重要模式动物，我们希望通过基因改造能让斑胸草雀表现出一些人类神经系统疾病的症状，以研究人类神经系统疾病的发病机理，以及与发声学习相关基因的功能，并找到这些疾病的治疗方法。”刘博士介绍得非常详细。

“这种基因改造的斑胸草雀主要模仿什么人类疾病呢？”小迪问道。

“大家都知道，很多人类神经系统疾病都会引起语言障碍，如亨廷顿舞蹈症、阿尔茨海默病等，都是因为神经系统受到损害，无法控制语言表达。其中，亨廷顿舞蹈症，也就是俗称的舞蹈症，是欧美国家较为常见的一种遗传性神经障碍疾病，主要表现为运动障碍和认知退化，也表现出口吃、错误发音、语言学习能力弱等障碍。研究发现，亨廷顿舞蹈症患者之所以患病，主要因为其携带突变型的‘亨廷顿’基因，即该基因存在过多的三联核苷酸（CAG）重复。就像我们在用电脑写论文时，将 CAG 复制后连续粘贴很多次，但是粘贴次数只要少于或等于 26 次，都属于正常，相应的个体和后代都不会得病。如果你不小心将 CAG 粘贴 27 ～ 35 次，这时候你自己一般不会受到惩罚，但是你的后代中有一小部分人可能会将你的这种小错误‘发扬光大’，将 CAG 粘贴次数超过 35 次，这些后代就会表现出疾病的症状。如果你再粗心大意一点，连续粘贴 CAG 次数超过 35 次，则你的后代有 50% 的患病概率，甚至连你自己也难以幸免。科学家进一步研究发现，原来，‘亨廷顿’基因负责指导细胞合成一种亨廷顿蛋白。该基因突变后，CAG 对应的氨基酸正好是谷氨酸，一旦亨廷顿蛋白中的谷氨酸过多，导致亨廷顿蛋白结构发生变异，无法发挥正常功能，不正常的亨廷顿蛋白在脑组织中聚集，会使脑组织变成海绵状，导致脑萎缩，最终发展成痴呆甚至死亡，这是引发亨廷顿氏病发作的重要原因之一。”刘博士知道亨廷顿舞蹈症的致病机理有点儿复杂，特意打了个比方。

“我基本明白了，基因突变让亨廷顿蛋白的谷氨酸过多，导致亨廷顿舞蹈症的症状出现，不过怎么才能让斑胸草雀模仿出亨廷顿舞蹈症的症状呢？”小迪追问。

“我们设想，如果将这种人的突变型‘亨廷顿’基因引入斑胸草雀的基因组中，看看它们能不能表现出亨廷顿舞蹈症的某些症状，如语言学习能力下降、口吃等。于是，我们利用转基因技术培育出携带人的亨廷顿舞蹈症突变基因的转基因斑胸草雀。而采用的转基因方法则与转基因鸡的制备技术类似，就是用一种慢病毒，这种病毒是在实验室经过改造的，去除了病毒的致病性，但保留其侵入宿主基因组的能力。利用这一能力，慢病毒能将人的亨廷顿舞蹈症突变基因整合到鸟胚胎的生殖细胞中，获得了 8 只转基因斑胸草雀，其中 5 只整合的人的亨廷顿舞蹈症基因含有 145 个 CAG 重复，我们看到的这只唱歌跑调的斑胸草雀正是它们的后代。另外 3 只则含有 23 个 CAG 重复。通过两年的观察，5 只携带人的亨廷顿舞蹈症突变基因（145 个 CAG 重复）的转基因斑胸草雀生长性状与非转基因鸟没有显著差异，但是均表现出一定的身体颤抖症状，并偏好高蛋白食物。其中 2 只成年转基因斑胸草雀在试验后期还表现出严重的身体颤抖和重心不稳等典型的亨廷顿舞蹈症症状。”刘万春博士继续介绍。

“原来这只不会歌唱的转基因斑胸草雀是这么来的，不过还应该验证这些转基因斑胸草雀能否像亨廷顿舞蹈症患者一样，表现出学习能力下降等症状吧？”唐博士问道。

“是的，为了测试转基因斑胸草雀的鸣叫学习能力，我们还专门设计了一个有趣的测试方法，就是大家看到的：我们将每只转基因斑胸草雀单独关在一个隔音室内，用录音机将普通斑胸草雀成鸟的鸣叫声录下来，作为教练曲，通过扬声器随机播放给转基因草雀和对照的非转基因草雀。结果发现，在幼鸟孵出 53 天以后，处于感觉学习期的转基因雄性斑胸草雀只能模仿教练曲的少数几个音节，甚至什么音节也学不会，它们成年后也不能按正确的音节顺序进行重复而稳定的鸣叫。而作为对照的非转基因斑胸草雀却很快就学会了教练曲。进一步的研究表明，这些症状与亨廷顿舞蹈症相关的神经病变一样，都与大脑鸣唱回路的功能丧失有关。因此，我们认为这些携带人的亨廷顿舞蹈症突变基因的转基因斑胸草雀将为研究人类语言学习能力的机理提供一个不错的动物模型，将有望为治疗一些人类神经系统损伤有关的语言和运动障碍提供帮助。”刘万春博士解释道。

“太有趣了，这些小小的斑胸草雀竟然能够模拟人类的神经系统疾病，科学家真是太棒了！”小迪感慨地说。

“不过，我们的研究还处于初级阶段，还需进一步深入开展研究，未来将会有更多的转基因鸟类诞生，鸣禽鸣唱学习行为的神经学分子机理将会更加清晰，科学家从中找到治疗人类神经系统疾病的药物和方法的希望也将越来越大。”刘博士谦虚地说道。

第九章
争奇斗艳的荧光鱼

50多年前，水母中的一种发光蛋白被首次发现，之后被广泛应用，这让3位科学家获得了2008年诺贝尔化学奖。而这种蛋白质也让美国水族宠物市场增添了很多争奇斗艳的宠物鱼，它们能发出五颜六色的荧光。不过，这些荧光鱼作为宠物只能算是“无心插柳”之举，其真正的用途是作为“生态警报器”，用来监测水体环境污染的。

参观结束后，小迪一家回到了位于纽约曼哈顿区的宾馆，宾馆离美国自然历史博物馆这个世界上最大的自然博物馆只有10多分钟的路程，这正是唐博士选择住在这里的原因。原来，小迪非常喜欢参观各种博物馆，特别是科技类博物馆，所以大家打算在纽约市游玩一两天。

一大早，小迪竟然破天荒地早早醒来，催促爸爸妈妈赶紧起床。当他们来到美国自然历史博物馆门口时，小迪发现博物馆还没开门，但是已有很多人在排队等候。大约过了半个小时，大家开始井然有序地进入。小迪一看，这博物馆太大了，而且陈列的展品多得令人吃惊，几乎涵盖地球诞生、生命起源、整个人类文明进化史等方方面面，包括各种恐龙等脊椎动物化石30多万种，哺乳动物标本更是多达200万件，且制作得栩栩如生。令人印象深刻的是新近发现的长达37米的泰坦巨龙化石模型，还有高达20多米、重30～40吨的雷龙化石，以及长28米的蓝鲸模型。据说，蓝鲸的模型是仿造1925年在美国南部海岸狩猎到的重达150吨的蓝鲸制作的。不过有些遗憾的是，由于展品太多，小迪一家逛了一整天，对很多展品只是大概有所了解。

当然，纽约市的自由女神像、中央公园、时代广场、帝国大厦等著名景点小迪一家也没有错过。第二天，他们花了大半天时间在这些景点拍了不少照片留念。下午，小迪一家来到一家大型超市，买了很多纪念品，计划回国后送给同学和朋友们。

结完账，大家正准备返回宾馆，小迪突然被超市里收银台附近的一个宠物店所吸引，逛宠物市场可是小迪的爱好之一。除了可爱的小猫、小狗外，最吸引小迪的还是几个水族箱里游得欢快的小鱼。小迪认得其中一种有着暗蓝色与银色纵条纹的小鱼是斑马鱼，这种鱼在国内的花鸟鱼虫市场很常见。但还有几种与斑马鱼体形非常相似的小鱼，身上也有一些纵条纹，却是五颜六色的，有绿色、蓝色、红色、橙色等颜色，难道是染了颜料的斑马鱼？

售货员热情地说道："这些的确都是斑马鱼，不过它们身上的条纹可不是用颜料染上的，而是一家生物技术公司专门培育的斑马鱼新品种。但具体是怎么培育出来的，我也不是很清楚。不过，你们可以浏览一下这家公司的网站，在那里你们或许可以找到答案。"

于是，小迪根据售货员提供的网站一查，发现里面果真有关于这些斑马鱼的介绍。

原来，这些斑马鱼都是经过基因改造的，最开始是转入的绿色荧光蛋白基因。其实，绿色荧光转基因斑马鱼的制作过程比较简单，科学家首先找到绿色荧光蛋白基因，在显微镜的帮助下，用微细的玻璃针管将基因注入斑马鱼的受精卵中。受精卵孵化发育成幼鱼，就获得了转基因斑马鱼。而且，这些斑马鱼新品种在紫外灯照射下，还能发出漂亮的绿色荧光。

"爸爸，我们家米琪所生的小鼠也有些是发绿色荧光的，应该也是转入了绿色荧光蛋白基因吧？"

"是的，别看这个绿色荧光蛋白现在很常见，它的发现可是纯属巧合。不过，很快科学家就发现这个蛋白太有价值了，以前研究人员在显微镜下观察细胞内的分子活动，基本是漆黑一片，有了绿色荧光蛋白之后，就好像给这些细胞装上了指示灯一样，可以随时观察细胞内的很多生命现象。因此，与绿色荧光蛋白的发现和应用有关的几位科学家还一起获得了诺贝尔化学奖。"

"那绿色荧光蛋白是怎么被发现的呢？"

"绿色荧光蛋白的发现过程非常有趣，之后科学家针对这个蛋白质的后续工作更加精彩。"正好唐博士前段时间专门研究了这段科学发展历史，于是就给小迪详细介绍了绿色荧光蛋白发现和应用的历程。

截至目前，科学家已发现200多种海洋动物能在海底发出各种荧光，有的是用来在黑暗的深海中照亮前进的方向，有的是为了诱捕猎物。早在20世纪50年代，很多科学家就对这些海洋生物如何发光感到非常好奇，正在美国普林斯顿大学做研究工作的日本科学家下村修就是其中一位。下村修将目光投向一种常见海洋生物——水母身上，因为水母的伞状体边沿会发出一圈绿色荧光，且获取水母非常容易，只要带上渔捞去海边，总会有收获。于是，有一段时间，下村修经常去很遥远的海边捞取水母，回到实验室后将水母碾碎，希望从里面分离出水母体内的发光成分。但是经过多次试验，只找到一种发蓝色光的蛋白质，可是水母发出的却是绿色荧光。下村修推测可能还存在一种蛋白质，能将蓝色光转化成绿色光。用数百万只水母做试验，下村修最终找到了这种蛋白质，就是现在大家所熟知的绿色荧光蛋白，这种蛋白质在蓝色光的照射下呈绿色。

不过，绿色荧光蛋白的发现刚开始并没有引起大家的重视。直到10多年后美国哥伦比亚大学的马丁·沙尔菲教授将绿色荧光蛋白基因转入线虫体内，在紫外线的照射下，线虫神奇地发出了绿色荧光，人们才开始意识到这种绿色荧光蛋白有很大的用处。沙尔菲教授所用的线虫叫秀丽隐杆线虫，是一种无毒无害、结构极其简单的模式动物，多次帮助科学家获得诺贝尔奖。因为有了绿色荧光蛋白，动物身上就像安装了指示灯一样，科学家就可以观察到蛋白质在动物体内的运动和变化。

然而，有关绿色荧光蛋白的故事还没有结束，马丁·沙尔菲教授的同事、美籍华裔科学家钱永健则玩出了新花样。他对绿色荧光蛋白基因进行了改造，创造出崭新的荧光蛋白变体，它们能发出更强、更艳丽的荧光，如青绿色、蓝色和黄色等，从而使这些荧光蛋白的应用更加广泛了。2008年，下村修、马丁·沙尔菲和钱永健三位科学家因为荧光蛋白的研究成果共同获得了诺贝尔化学奖。值得一提的是，钱永健教授是我国载人航天奠基人、“两弹一星”功勋科学家钱学森的堂侄。

“原来我们家的小老鼠能发出荧光，还得感谢钱永健教授他们呀！看来这些五颜六色的小鱼肯定也是转入了不同的荧光蛋白基因。”小迪推测道。

“不错，这家公司在2001年就培育出第一批能发出绿色荧光的斑马鱼，准备作为观赏鱼进军宠物市场。经过2年的评估，美国食品药品监督管理局认为这种斑马鱼新品种不会进入食物链，也不会对环境造成污染，于是决定不对其进行监管，这也让转基因荧光鱼成为世界上第一个实现商品化的转基因动物。于是，这种宠物荧光鱼被投放到美国各地的大小宠物商店售卖，没想到大受欢迎，几万条转基因斑马鱼很快被销售一空。这家公司的研发人员大受启发，认为如果能培育出发出其他荧光的斑马鱼，肯定更受水族爱好者的喜欢。他们得知，美国华裔科学家钱永健已经对绿色荧光蛋白基因进行了改造，找到了让绿色荧光蛋白更亮更持久发光的方法，并创造出了更多的荧光蛋白色彩，如红色、橙黄色、蓝色和紫色等。很快，他们利用钱永健改造的荧光蛋白基因，培育出了红色、橙黄色、蓝色和紫色等荧光斑马鱼，还给这些发不同荧光的斑马鱼起了一些很酷的名字，如‘电子绿’‘火星红’‘阳光橙’‘宇宙蓝’‘银河紫’等，这正是我们现在所看到的发不同荧光的斑马鱼。后来，研发人员还开发出了能发各种荧光的其他品种观赏鱼，使得水族箱更加光彩夺目起来。”唐博士一边引导小迪查看网站，一边讲解道。

“这些荧光鱼真好看，我也想买几条回家养，它们太好玩了。”

“小迪，这可不行，这些宠物鱼还没有被允许进入中国市场，携带动植物入境的程序也非常麻烦。更何况这些荧光鱼的研究人员当初培育它们，并不是为了好玩。”

“是吗？难道它们还有其他用途？”

“用途还很多呢！研究人员最初培育这种荧光鱼主要是想让它们当监测水体污染的‘生态警报器’。”

“什么？这些荧光鱼竟然还能当‘生态警报器’？”

“是这样的，由于工业废水和生活废水的排放，原本洁净的河流、湖泊很容易受到化学污染物或毒素的污染，其中，二噁英或聚氯联苯等化学污染物都是致癌物，给周边居民和动物的健康带来严重威胁。科学家发现有些鱼类对周围水域的环境变化非常敏感，一旦环境

污染物或毒素的含量升高，这些鱼体内就会产生一些特殊的酶，而且这些酶的含量会随着毒素增加而增加。我们通过基因工程技术将控制这些酶的基因与绿色荧光蛋白基因拼接在一起，制备成转基因荧光鱼，将这些转基因荧光鱼投放到水域中，这些水域一旦受到污染，转基因鱼体内酶的含量就会随之增加。相应地，转基因鱼发出的绿色荧光强度也会随之增加，通过检测转基因鱼的荧光强度即可达到监测环境污染的目的，这些转基因鱼也被称为'生态警报器'。斑马鱼因繁殖快、饲养成本低、便于基因操作等优点，成为制作这些'生态警报器'的理想材料。但是，由于人们担心这些转基因鱼会对野生鱼类造成不利影响等问题，这些'生态警报器'距离大规模应用还有许多需要完善的地方。"

"原来这些小小的荧光鱼不仅能用来观赏，还能当成环境污染的监视器，这些科学发明真是了不起呀！不过既然不能带回国，那我得在这里多看看。"于是，小迪在这家宠物商店又待了一个多小时。后来，爸爸跟她说，国内也有很多实验室可以培育这种荧光鱼，回国后可以要几条来养，小迪这才依依不舍地回到宾馆。

在回家的路上，小迪仍对那些宠物鱼念念不忘，好奇地问唐博士："爸爸，我们之前参观的很多基因改造动物都需要经过政府部门的批准才能上市，为什么美国食品药品监督管理局没有对荧光宠物鱼进行监管呢？难道只是因为荧光鱼不会进入食物链吗？"

"差不多，其实美国食品药品监督管理局评估转基因产品是否安全，主要看这些产品对人和动物是否存在食用安全风险，还要看是否会对生态环境造成不良影响。如果经过严格科学的评估发现不存在这些风险，就会批准其进行商业化生产。比如，最近批准的转基因三文鱼就是用来食用的。"

"还有可以食用的转基因三文鱼呢？我们能去参观吗？"

"当然可以参观。不过它们目前生活在加拿大，我们可以去加拿大看它们。"

"太好了！"小迪兴奋地说道。

第十章

不怕冷的加拿大三文鱼

转基因山羊生产的重组蛋白药物历经15年才被获准上市，而第一个供人类食用的转基因动物——三文鱼，更是“游”了20多年，才“跳”上人们的餐桌。这些新事物的缔造者，除了要有科学创新的思维外，更需要坚持不懈的毅力，还要像经过基因改造的加拿大三文鱼一样，在寒冷漫长的冬季也不停地成长，才能迎接自由的春天。

在纽约休息两天后，小迪一家决定前往加拿大的爱德华王子岛，这是一个位于加拿大东南部的美丽小岛，也是加拿大最小的省，面积不到中国台湾岛的1/6。不过，这里因为生活着一群非常特别的三文鱼而备受关注。

在飞机上，小迪和爸爸谈论起他们要参观的三文鱼——昨天他们已经提前从网上查阅了很多关于三文鱼的资料。

原来，三文鱼其实是一类鲑鱼的俗称，市场上常见的三文鱼以大西洋鲑鱼为主。这种大西洋鲑鱼以肉质鲜美、营养丰富著称，除了含有大量的蛋白质外，还富含一些稀有的多不饱和脂肪酸和虾青素等营养成分。据说，食用大西洋鲑鱼有防治人类心血管疾病、抗氧化等功效，因此很受人们欢迎。

野生大西洋鲑鱼主要生活在大西洋沿岸，它们有一个非常有意思的习性：每年春天，当大西洋及周边河流的冰雪融化之后，成年的大西洋鲑鱼会成群结队地从大西洋近海的栖息地，沿着江河逆流而上，洄游到它们出生的上游小溪去产卵。大西洋鲑鱼的跳跃能力比较强，能高高跃出水面，腾空高度可达2米多，能轻松飞越瀑布、激流和低矮的水坝等障碍。不过，大西洋鲑鱼的这种跳跃本领，有时也会给它们带来麻烦。有些家伙如大棕熊，发现了大西洋鲑鱼的这种跳跃习性，偷偷埋伏在瀑布上游，待鲑鱼从瀑布下游跳上来时，便一口咬住跃出水面的鲑鱼，饱餐一顿。只有顺利到达目的地的鲑鱼，才能产下鱼卵。待鱼卵孵化后，鱼苗会在淡水中生活1～3年，然后游到大西洋中慢慢长大，等它们长大后又会回到出生地产卵，这样一代又一代地重复着。

“真神奇！它们怎么能知道回家的路呢？”

“关于这个问题科学家还尚无定论。有研究发现，它们的大脑中有一种铁质微粒，像指南针一样，它们可能借助地球的磁场准确找到前进的方向。但是，如果它们的出生地的生态环境遭到破坏，如河流干涸、水质污染等，它们可能就找不到回家的路了。最近十几年，喜欢吃三文鱼的人越来越多，野生大西洋鲑鱼供不应求，这导致野生大西洋鲑鱼的数量急剧下降，几乎接近灭绝。”

“唉，那么，这些大西洋鲑鱼能不能人工养殖呢？这样就可以不用捕捞野生大西洋鲑鱼了！”

“是的，虽然野生三文鱼越来越少，但三文鱼的市场需求却越来越大。于是，挪威、智利、加拿大等国家看到商机，在攻克鱼苗繁育、网箱养殖等关键技术之后，开始发展起大西洋鲑鱼人工养殖，相继取得成功。目前，市场上销售的大西洋鲑鱼大多数都是人工养殖的。”

下飞机后，父女俩的讨论暂告一段落。随后，小迪一家乘车来到郊区的一个工厂，这个工厂四周都被灰色围墙围住，墙高近 3 米，上面安装有不少摄像头，远看让人误以为是监狱。不过，这个“监狱”的上方全部覆盖着网眼只有二三厘米大小的铁丝网。小迪想，这要是一个监狱，犯人们肯定插翅难飞。这时，从门内出来一个中年男子，微笑着向小迪他们走来。

“你们好，我是刘易斯博士，前天我接到朱博士的电话，说你们要来参观我们的转基因三文鱼养殖场，非常欢迎你们的到来。”原来，唐博士提前通过国内的朱博士与加拿大方面取得联系——朱博士是国内最早研究转基因鱼的科学家，与加拿大该领域的研究人员非常熟悉。

“刘易斯博士，我有个问题，听说大西洋鲑鱼人工养殖技术已非常成熟了，为什么你们还要培育转基因三文鱼呢？”小迪开门见山。

“呵呵，我经常回答这个问题。其实，这跟养猪养鸡一样，大西洋鲑鱼人工养殖需要消耗大量的饲料。不过，大西洋鲑鱼的生长速度非常缓慢，而且一到冬天，它们就基本停止生长，因此需要 3 年左右才能达到上市体重。如果能培育出生长快速的大西洋鲑鱼品种，就可缩短养殖时间，还可节省大量的饲料。”

刘易斯博士边走边说，将大家带到养殖场内。一进大门，大家就被眼前的场景所震撼，原来，养殖场上方的银色钢架结构纵横交错，下方则摆放着很多直径约为 30 米的圆形钢制水箱。走近一看，水箱里面正游弋着成百上千条大西洋鲑鱼幼苗。

“哇，这些都是转基因大西洋鲑鱼吗？”小迪看到水箱中游来游去的鱼儿，兴奋不已。

“是的，这些大部分都是转基因鲑鱼，它们的特点是生长快速，只用 18 个月的时间就可以达到上市体重，相当于普通鲑鱼生长周期的一半，因此又被称为‘超级三文鱼’。”

“这些‘超级三文鱼’的生长速度为什么比普通三文鱼快得多呢？”小迪问道。

“这些都是科学家的功劳。人和动物的生长发育需要一种叫生长激素的物质，大西洋鲑鱼也有这种生长激素，如果体内这种激素分泌不足，人和动物就可能会得生长激素缺乏性侏儒症。科学家发现，将体形较大的动物的生长激素基因，转到一个体形较小的动物体内后，体形小的动物也能长成体形大的动物。世界上第一只转基因动物超级鼠正是这样一个典型的案例。20 世纪 80 年代初，科学家把大鼠的生长激素基因转移到小鼠体内，获得了转基因小鼠，结果这种转基因小鼠比同龄的普通小鼠大了一倍，因此被称为‘超级鼠’。”

“那转基因三文鱼的研究思路应该跟这种‘超级鼠’类似吧？”参观了几种神奇的基因工程动物之后，小迪都快成小专家了。

“是的，在‘超级鼠’诞生约 10 年之后，加拿大科学家加斯·弗莱彻博士及其同事非常巧妙地培育出一种新的大西洋鲑鱼品种——转基因大西洋鲑鱼。根据‘超级鼠’的思路，科学家首先要找到体形更大的鲑鱼，对所有鲑鱼属的鱼类进行了筛查。他们发现一种生活在太平洋的鲑鱼，是鲑鱼中体形最大的，又被称为帝王鲑。成年帝王鲑的体长和体重是大西洋鲑鱼的 1 倍以上，最大体长可达 1.5 米。科学家认为这种帝王鲑的生长激素基因能让大西洋鲑鱼分泌更多的生长激素，从而长得更快。不过，直接将帝王鲑的生长激素基因转入大西洋鲑鱼基因组中，大西洋鲑鱼的生长速度提高得并不理想。科学家仔细分析后发现，原来野生的帝王鲑与大西洋鲑鱼一样，每年会经历长达 5 ～ 6 个月的寒冷季节，这段时间由于环境温度过低及食物缺乏，它们的生长几乎都陷入停滞。弗莱彻博士和同事们就开始思考，如果让鲑鱼在寒冷的冬季也能生长，则可能大大缩短它们的育肥时间。”

“那怎么才能让大西洋鲑鱼在冬天也可以长身体呢？”小迪有些好奇。

“弗莱彻博士偶然了解到，一种名叫大洋鳕鱼的鱼类能在接近冰封的水域生存，因为大洋鳕鱼体内有一种特殊的抗冻蛋白。于是，弗莱彻博士他们将大洋鳕鱼抗冻蛋白基因的启动子与帝王鲑的生长激素基因组成一种新基因。在显微镜下，科研人员用极细长的玻璃管将这种新基因注射到大西洋鲑鱼的受精卵中，有较少的受精卵接受了这种外来的新基因，并把新基因当成自己的基因。等这种受精卵发育成鲑鱼幼苗时，转基因鲑鱼就这样来到了这个世界。这种新基因为转基因鲑鱼带来一些特别的能力，它能在转基因鲑鱼体内不断产生生长激素，即使在寒冷的冬季也能让其保持生长。这样，转基因鲑鱼就不怕冷了，不管什么季节都能生长，其生长速度比普通大西洋鲑鱼快 1 倍以上，还能节省 1/4 的饲料。”

“这真是一个非常好的创意。这些转基因大西洋鲑鱼培育出来后，是不是很快就可以在市场上销售了？”小迪说道。

“那可不行，转基因产品要在市场上销售，必须经过政府部门的批准。从 1995 年开始，我们向美国食品药品监督管理局递交了转基因大西洋鲑鱼的安全评价申请，直到 2015 年才获得美国食品药品监督管理局的上市批准，整整花了 20 年的时间。”

“20 年啊！我真佩服你们能坚持这么久。我知道美国食品药品监督管理局批准的第一个食用转基因植物是一种耐储藏的转基因西红柿，

只用了 3 年多时间。为什么转基因鲑鱼却需要这么长时间呢？”唐博士问道。

“这可能是因为我们的转基因鲑鱼是第一个被批准食用的转基因动物产品，有很多人对转基因鲑鱼充满了疑惑，甚至是激烈反对。有些人担心吃了基因改造的大西洋鲑鱼会影响健康，另一些人则担心转基因鲑鱼长这么快，会与野生鲑鱼争夺食物和领地，从而加速后者的灭绝，所以美国食品药品监督管理局比较谨慎。不过，我们还是比较有信心的，始终相信这是一个利用先进科技培育出的大西洋鲑鱼新品种，既环保又节约饲料。只要是基于科学的研究，最终一定会获得成功，因此，我们一直坚持到现在。”刘易斯博士坚定地说。

“你们是怎么说服美国食品药品监督管理局评审专家相信转基因三文鱼是安全的呢？”唐博士问道。

“我们在研究之初就考虑了转基因三文鱼的安全性，比如，所转入的外源基因都来自鱼类，其中，帝王鲑还是与大西洋鲑鱼亲缘关系较近的鱼类。帝王鲑本身一直是市场上常见的鱼类，人们食用帝王鲑的同时也就摄入了它的生长激素，但从来没有关于食用帝王鲑过敏的报道。其实，即使人吃了帝王鲑的生长激素也不会过敏，因为生长激素进入人的胃肠道之后，会像其他蛋白质一样，被分解成氨基酸，就没有促进生长的功能了。这就是为什么医生在治疗生长激素缺乏症患者时，必须给他们注射生长激素，而不是让他们口服。当然，转基因三文鱼还需要美国食品药品监督管理局认可的独立检测机构进行一系列的食用安全检测，2010 年，美国食品药品监督管理局最终认定，转基因三文鱼食用安全性和营养成分与普通三文鱼没有显著差异，也就是说，转基因三文鱼和普通三文鱼一样，可以安全食用。”刘易斯博士答道。

“除了食用安全性，还有很多生态学家担心这些转基因三文鱼会与野生三文鱼竞争，进而破坏野生三文鱼的生存环境，你们是如何打消人们这方面顾虑的呢？”唐博士继续发问。

“这方面也是我们花费最多精力和资金的地方。为了防止转基因三文鱼逃跑进入野生环境，首先要采取物理措施防止转基因三文鱼从养殖场逃脱。大家今天参观的养殖场主要用于转基因鱼苗生产，你们看，我们养殖场的防护是不是比较严密呢？我们特意配备了高达 2 米多的坚固围墙，在换水口安装了多层滤网，并实施 24 小时监控，甚至还在养殖场上方安装了防护网，以防止外面的飞鸟将鱼苗叼走。另外，这个鱼苗养殖场之所以选择建在爱德华王子岛上，还有一个重要的考虑。三文鱼鱼苗只能在淡水中生活，因此这些鱼苗水箱里的水都是淡水，但是养殖场周边都是海水，这样，即使鱼苗不慎逃至野外，也无法在海水中存活。鱼苗则用专车运到位于巴拿马西部高地的育肥养殖场进行育肥，这个育肥场同样也采取了与这个养殖场一样的防护措施。此外，巴拿马的育肥场周边水域的水温较高，而三文鱼一般习惯于冷水环境，因此，它们即使逃逸，也很难长期存活。”刘易斯博士解释道。

“这些养殖场防护得真够严密的！别说三文鱼逃不出去，即使一只鸟儿也插翅难飞呀！”小迪抬头看了看防护网，感慨地说道。

“是的，除了这些物理防护措施，我们还采取了一些生理手段，比如，对转基因三文鱼进行性别控制和节育处理。普通三文鱼细胞核中只有 2 套染色体，为二倍体，能正常生育。而在加拿大的鱼卵工厂里，研究人员用热休克的方法，让每个受精鱼卵都拥有 3 套染色体，即三倍体，其属于染色体畸形，是水产育种中广泛采用的繁育技术。而且，这些三倍体三文鱼都是雌性，即使逃到野外，也不能与野生三文鱼交配产卵。在这些防护严密的安保措施下，转基因三文鱼从养殖场逃脱的可能性极低，即使侥幸进入野生环境，也不可能存活，更别提危害其他鱼类的生存了。通过对这些防护措施及其他因素细致的考察和评估，美国食品药品监督管理局认为转基因三文鱼不会产生基因扩散，具备环境安全性。”刘易斯博士接着说。

“既然认可了转基因三文鱼的食用安全性和环境安全性，美国食品药品监督管理局应该很快就能批准转基因三文鱼上市了吧？”小迪都替这些转基因三文鱼着急了。

“对第一个批准食用的转基因动物产品，美国食品药品监督管理局慎之又慎，之后又专门收集了公众对转基因三文鱼的意见。任何团体和个人都可以就转基因三文鱼表达自己的不同意见，美国食品药品监督管理局收到了很多份意见和质疑。在认真分析和解答这些意见和质疑之后，最终于2015年年底正式批准转基因三文鱼在美国销售。半年后，加拿大政府也批准转基因三文鱼上市。目前，我们也已向中国和其他国家递交了申请，希望将来可以在更多的国家销售我们的转基因三文鱼。”

“这绝对是转基因动物研究领域里值得铭记的一个里程碑式的成就。你们从事创新研究的科学态度和坚持不懈的毅力，值得钦佩。”唐博士也不由得感慨万分，也对继续开展自己的研究充满信心。

第十一章
神经毒剂解药藏在羊奶中

20世纪90年代，日本邪教组织在地铁释放沙林毒气，造成数千名普通民众伤亡，让世界见识到生化武器的恐怖和威力。与沙林毒气同样臭名昭著的还有塔崩、梭曼和VX等，它们都是以有机磷化合物为主要成分、引发神经系统紊乱而致命的神经毒剂。这些神经毒剂一旦落入恐怖分子之手，后果将不堪设想。好在科学家很快发现这些神经毒剂的解药就藏在人体的血液中，而且想办法把它们生产了出来。

“爸爸，为什么加拿大生产的转基因三文鱼需要美国批准呢？”

“小迪，这个问题问得很好。美国是世界上最重要的三文鱼消费国之一，而加拿大生产的三文鱼也大多出口到美国。如果转基因三文鱼要在美国上市销售，就必须获得美国政府的批准。在获得美国政府的批准之后，转基因三文鱼很快也获得了加拿大政府的批准，现在已经在加拿大超市里销售了。其实，这其中还有另外一个原因，就是美国和加拿大关系非同一般，双方是近邻，有着共同的语言和文化背景，存在大量的贸易往来。比如，2015年之前，加拿大一直是美国最大的贸易伙伴，这些年才刚刚被中国取代。同时，美国和加拿大科技界的合作相当频繁，美国军方就曾委托加拿大一家生物技术公司生产一种神经毒剂的解药。”

“什么是神经毒剂呀？听起来好可怕！”

“这是一类通过破坏神经系统、杀人于无形的毒剂，人只要吸入一点点，就有可能致命。这些神经毒剂是在第二次世界大战前后研发出来的，原本只是有机磷杀虫剂的副产品，却被德国纳粹政府开发成恐怖的化学武器，包括臭名昭著的沙林毒气、塔崩、梭曼和VX等神经毒剂。幸亏纳粹分子没有来得及在战场上使用这些神经毒剂，否则后果不堪设想。第二次世界大战后，苏联、美国等国家也相继研制出自己的化学武器，据说在伊拉克战争和海湾战争中曾有军队使用过神经毒剂。而20世纪90年代，日本一个邪教组织在东京地铁中释放沙林毒气，造成数千平民伤亡，让普通老百姓第一次近距离感受到生物武器的恐怖。”

“这些邪教组织真是太可恶了，不过这些国家为什么不禁止或销毁可怕的化学武器呢？”小迪从小性格就比较温和，她希望世界都是和平的。

“是的，由于杀伤力太强，绝大多数民众都强烈反对化学武器。20世纪90年代，世界上的大多数国家都签署了《关于禁止发展、生产、储存和使用化学武器及销毁此种武器的公约》(即《禁止化学武器公约》)，而沙林等神经毒剂也被联合国列为‘大规模杀伤性武器’。根据各国签订的《禁止化学武器公约》，绝大多数神经毒剂均已被销毁。不过，目前仍有少数国家保留一定数量的神经毒剂武器，甚至有一些国家根本不愿意签署《禁止化学武器公约》。此外，一些极端恐怖分子的活动日益猖獗，一旦这些恐怖分子拥有或生产出化学武器，对于爱好和平的人来说无疑是一场巨大的灾难。”

“太恐怖了，难道只能眼睁睁看着恐怖分子使用化学武器吗？”

“当然不是，现在国际社会仍在不断努力，以争取将现存的化学武器全部销毁，并加强对恐怖组织的军事打击和技术封锁。与此同时，科学家正积极开发针对这些神经毒剂的特效解药。”

“神经毒剂还有解药呀，那太好了！那这些解药是什么呢？”

“说来也巧，神经毒剂的解药就藏在人体的血液中，只是正常情况下人体血液中这种解药的含量实在太少了，根本不能起到解毒的作用。小迪，要弄明白这些解药是什么，我们首先还得了解神经毒剂的作用原理，我们上网查查吧！”

于是，父女俩打开平板电脑开始查阅资料。原来，在正常情况下，神经系统要传递信号，需要一种叫乙酰胆碱的物质参与。当有信号传递任务时，神经元细胞会合成大量“信使”乙酰胆碱，“信使”将信息传送到下一个神经元后，会马上被一种叫乙酰胆碱酯酶的蛋白质分解。但是，当有机磷毒剂进入人体后，会迅速与乙酰胆碱酯酶结合，破坏其分解乙酰胆碱的能力，导致乙酰胆碱大量堆积，引起中枢和外周神经系统功能严重紊乱，进而导致呼吸系统等器官衰竭，直至死亡。

“小迪你看，神经毒剂是通过结合乙酰胆碱酯酶来破坏神经系统正常功能的，而且神经毒剂与乙酰胆碱酯酶结合是按一定比例的。如果我们能找到一种物质与神经毒剂结合，它就无法再结合乙酰胆碱酯酶，这样就能解除它的毒性。”

“那我知道了，这个解药一定是乙酰胆碱酯酶！”

“你只答对了一半。因为体内乙酰胆碱酯酶过量，同样也会引起神经系统紊乱。好在科学家在人的血液中发现了乙酰胆碱酯酶的‘兄弟’——丁酰胆碱酯酶。丁酰胆碱酯酶是美国科学家在20世纪40年代发现的，刚开始大家以为它并没有什么重要的生理功能，因为有些人的体内即便缺乏丁酰胆碱酯酶，也能健康地生存和繁育后代。直到大约50年后，美国陆军防御医学研究所的研究人员发现，人丁酰胆碱酯酶能中和有机磷毒剂，也就是说，有机磷毒剂被丁酰胆碱酯酶结合后，不再具有毒性。科学家随后进行了猴子、小型猪和小鼠等动物实验，结果都显示人丁酰胆碱酯酶能有效抵御有机磷神经毒剂的侵害。丁酰胆碱酯酶的解毒原理其实很简单，当动物体或人体内含有足够的丁酰胆碱酯酶时，有机磷毒剂会被其结合，从而失去结合乙酰胆碱酯酶的机会。另外，人丁酰胆碱酯酶还有一个重要的优势就是，从动物实验来看，动物体可以承受相当于体内丁酰胆碱酯酶含量的上千倍剂量，具有极高的耐受性，基本没有毒副作用。”

“原来神经毒剂的解药是丁酰胆碱酯酶，爸爸刚才说丁酰胆碱酯酶存在于人的血液中，那是不是需要从人的血清中提取呢？”

“丁酰胆碱酯酶也是由肝脏合成、分泌到人的血液中的，因此可以从人的血清中提取丁酰胆碱酯酶。不过，用于解毒的人丁酰胆碱酯酶用量较大，动物实验和人体实验显示，1个成年人的每次注射用量需达到2克以上，而人的血清中的丁酰胆碱酯酶平均含量仅为2毫克/升。正常而言，每个人每次最多能献血400毫升，也就是说，需要从2000多人次的捐献血液中纯化出丁酰胆碱酯酶，才能救治1个有机磷中毒患者。显然，这种方法效率太低，必须找到更有效的方法才能大量生产丁酰胆碱酯酶，这个方法正是我们即将参观的转基因山羊。”

原来，培育出这种转基因山羊的机构是一家位于加拿大蒙特利尔市的生物技术公司，原本专门从事生化防御药物开发，包括重组炭疽疫苗等药物。该公司得到美国军方的资助，总部设在美国马里兰州的安纳波利斯市，位于蒙特利尔市的是该公司的加拿大分公司。

蒙特利尔市离爱德华王子岛很近，这天一大早，小迪一家坐上了前往蒙特利尔市的航班，不到 2 小时就到达了蒙特利尔机场，之后乘坐出租车前往蒙特利尔市近郊的一个现代化养羊场。

出来迎接大家的竟然也是一个东方面孔，还说着流利的中文：“大家好，我是黄跃进，负责公司的转基因山羊项目，欢迎你们参观我们的转基因山羊。”

“谢谢黄博士！我们正计划建设一个科普性的‘神奇动物世界’主题公园，抗神经毒剂转基因山羊是一个非常新颖且有趣的研究方向，所以我们来参观一下。”唐博士介绍了来意。

“好的，我非常荣幸能向你们介绍我们公司的转基因山羊项目。”黄博士一边说着，一边将大家领到了一个宽敞洁净的羊圈，里面生活着几十只灰褐色的山羊。大多数羊都比较安静，有些羊正吃着干草，有些羊正在喝水，有些羊正在发呆，还有些羊比较调皮，互相用羊角顶了起来。小羊则被养在隔壁一个独立的小羊圈里，望着隔壁的羊爸羊妈，小声“咩咩”地叫着。

“这些就是我们培育的转基因山羊，它们的培育过程与抗凝血酶转基因山羊基本相同，都是采用显微注射方法。我们先用乳蛋白基因的启动子与人丁酰胆碱酯酶基因拼接成新的基因，将其注射到山羊的受精卵内，再将这些受精卵移植到母羊体内受孕，经过检测生出的一部分小羊正是第一代转人丁酰胆碱酯酶基因山羊。当然，你们看到的这些羊大多是第一代转基因山羊的后代。”

“黄伯伯，这些山羊真能生产神经毒剂的解药吗？”

“是的，这些转基因母羊长大后会产下羊羔，并分泌乳汁，羊乳中就含有能结合有机磷神经毒剂的重组人丁酰胆碱酯酶，而且含量高达 5 克 / 升。

1只母羊每年可以产800升羊奶，也就是说，1只母羊1年所生产的人丁酰胆碱酯酶可救活1000个左右的有机磷毒剂中毒者。”

“这些山羊真够厉害的，只要几只就可以应付像日本邪教组织发动的那种神经毒气袭击了。”小迪从黄博士的介绍中听出转基因山羊生产重组蛋白的能力非常强。

“是的，不过毕竟生化武器恐怖袭击并非经常发生，重要的是要储备足够量的解药，以备不时之需，而这种重组人丁酰胆碱酯酶的另一个重要用途是给有机磷农药中毒者解毒。世界卫生组织报告显示，全世界每年有上百万人遭遇有机磷农药中毒，数十万人因此中毒身亡，大多数集中在发展中国家。由于有机磷农药中毒原理与神经毒剂中毒基本相同。因此，重组人丁酰胆碱酯酶也能救治有机磷农药中毒者。”黄博士继续说道。

“黄博士，的确是这样。不过，转基因山羊生产的重组人丁酰胆碱酯酶疗效如何呢？”唐博士问道。

“这个问题正是我接下来要介绍的内容。你知道，要评估重组蛋白的安全性和疗效，需要经过临床前试验和临床试验。我们开展的临床前试验主要在小型猪体内进行，先用一种比沙林毒气毒性更大的神经性毒剂——VX毒气，通过皮肤接触使实验小型猪中毒，所用的剂量能让实验猪在48小时内全部死亡。我们将参与实验的小型猪分成两组，一组在中毒2小时内肌内注射重组人丁酰胆碱酯酶，为试验组；另一组则只注射生理盐水，为对照组。结果，试验组的猪全部存活，而对照组的猪则‘全军覆没’。另外，我们还开展另一项与之相反的动物试验，也就是先给受试动物注射重组人丁酰胆碱酯酶和生理盐水，然后再让其接触神经毒剂，结果，试验组的动物大多数存活，而对照组照样一个不剩。这些临床前试验表明，重组丁酰胆碱酯酶既能在有机磷中毒之前起到预防作用，也能在有机磷中毒之后达到治疗效果。接下来，我们向美国食品药品监督管理局申请了临床试验并获得批准，在第一期临床试验中，研究人员主要向身体健康的志愿者肌内注射重组人丁酰胆碱酯酶，结果显示人体对重组人丁酰胆碱酯酶具有较强的耐受性，且没有显著的副作用。后续还将对有机磷农药中毒患者进行进一步的临床试验，以验证其疗效。”黄博士介绍了重组人丁酰胆碱酯酶的主要研究进展。

“黄博士，谢谢你的介绍，也希望你们的临床试验最终能取得好的结果。这个神经毒剂解药如果能开发成功，不仅对那些因有机磷农药中毒的农民来说是好消息，也将大大减少未来战争中军人的伤亡，可能对遏制恐怖主义神经毒气袭击也将发挥一定作用。”唐博士赞许地评论道。

第十二章
牛血也能反恐

神经毒剂虽然可怕，但不具有传染性，而一些病原微生物则会传染致命的瘟疫，如果被恐怖分子改造成生物武器，将更加可怕。好在美国科学家培育出一种新的基因工程奶牛，能在牛血中大量合成人源多克隆抗体，可用于预防和治疗这些传染病，将来甚至可以用于对付生物武器。

“爸爸，我希望科学家尽快研制出对人体无毒的农药，最好是将来种植庄稼根本不需要农药，这样既不会污染环境，农民也不会因农药中毒。我也希望全世界将来不要再有恐怖袭击，更不要再有战争。”告别黄博士，小迪感慨地说道。

“小迪，你这个愿望很好，现在很多科学家都在努力，希望研制出低毒甚至是无毒的农药。也有科学家正在培育抗虫害的农作物品种，或设计出新的种植方式，将来可以做到不用农药，或少用农药。但恐怖袭击就复杂得多，受政治、宗教信仰、经济利益、地方发展不平衡等多方面因素的影响，很难在短时间内根除，而且现在很多战争也是由恐怖分子引起的，或者以反恐之名发动的。除了神经毒剂等化学武器，一些致病微生物也可能被恐怖分子用作生物武器。”

“啊，还有生物武器呀？”

“是的，很多细菌、病毒和衣原体等致病微生物能在人类及动物中引起恶性传染病，导致大量人员和畜禽伤亡，曾被一些国家当成生物武器在战争中使用。灭绝人性的日本侵略者就曾经在侵华战争中投放伤寒杆菌、鼠疫、霍乱等致病菌，造成中国大量无辜平民伤亡。现在，极端恐怖组织一直威胁要用埃博拉病毒等生物武器对付欧美国家，使美国和其他国家的人民陷入恐慌。”

“我觉得生物武器比神经毒剂更要可怕，因为这些致病微生物会传染，造成的伤害也会更大。”

“说得没错，好在现在科学家找到了一种对付生物武器的方法，可能成为生物武器的克星。”

“太好了，这个克星是什么呀？”

“小迪，你还记得小时候打疫苗的情形吧？你知道为什么要打疫苗吗？”

“当然记得，我小时候很害怕打针，每次打疫苗都要哭鼻子，呵呵，想想那时的自己真可笑，打针有什么害怕的呀！我知道打疫苗是让身体产生对付病原体的抗体，难道是要给所有人打疫苗来对付生物武器恐怖袭击吗？”

“当然不是，因为很难判断恐怖袭击何时出现，也无法事先知道恐怖袭击者会使用何种致病微生物，所以疫苗几乎不能用于对付生物武器的恐怖袭击。不过，对付生物武器的方法却与打疫苗的原理正好相反。目前，市场上的大多数疫苗其实都是由病原微生物加工而成的，只是将其中的致病成分去除或致病性减弱。当将这些疫苗注射到动物体或人体后，机体免疫系统会识别疫苗为外来成分，立即启动免疫反应。免疫细胞进而合成抗体分子来捕获并清除外来成分，这样，免疫系统会形成记忆，下次再有相同的病原微生物入侵，机体就会分泌大量的抗体来对付这些病原体。而这些抗体被科学家称为多克隆抗体，正是生物武器的克星。”

“我明白了，当发生生物武器恐怖袭击后，科学家先将恐怖分子释放的致病微生物分离出来，将它们的毒性去除或减弱，然后将这些处理过的致病微生物注射到动物体内，动物就会在血液中分泌大量的多克隆抗体，再将这些多克隆抗体注射到人身上，就可以对抗致病微生物了。爸爸，是不是这样的？这些我都是从书上看到的。”

“哇，小迪说的基本都对，看来爸爸给你买那么多科普书，对你很有帮助呀！不过，动物产出的多克隆抗体并不能直接用到人身上去，因为这些动物来源的多克隆抗体对人体来说依然是外来物质，人体的免疫系统同样会将其清理出去，而且容易引起激烈的免疫反应，不仅不能抵抗致病微生物，反而会引发严重的副作用，甚至危及患者的生命。”

“哦，看来这条路也行不通？”

“也不是，科学的问题总会有科学的解决方法，日本和美国的科学家就想到了一个非常特别的新方法。他们将动物负责合成抗体分子的免疫球蛋白基因替换成人的同类基因，这样，当将致病微生物注射到动物体内后，动物血液中产生的抗体分子就是人源的，再将这些人源多克隆抗体注射到人体内，可以避免人体免疫反应带来的副作用。科学家们先在小鼠身上试验成功，但是小鼠分泌的多克隆抗体量太少，不能满足反恐的需要。他们又将目光放到了体形最大的家养动物——奶牛身上，竟然通过基因工程技术将奶牛变成多克隆抗体的‘生产车间’，一头牛产生的人源多克隆抗体足够 100 多人使用。”

“这些科学家太厉害了，他们研制的基因工程奶牛在哪儿呢？”

“这些牛就圈养在美国苏福尔斯市的一家农场里，我们要再次回到美国去参观一下。”

“好呀，又要去美国喽！”

苏福尔斯市位于美国南达科他州东南部，也是该州最大的城市。小迪一家乘坐飞机辗转来到苏福尔斯市，驱车前往郊区的一个养牛场。这个养牛场被一大片玉米地所包围，在大门口等候小迪一家的是一位敦实和善的中年男子，穿着一件花格子衬衫，非常热情地跟他们打招呼。

“我的老朋友，我们终于又见面了，听说你们要来，我真是高兴极了。”

“沙利文博士，好久不见！看你气色不错，你的牛宝贝也越来越好吧？哈哈！”

“当然，他们也很欢迎你们的到来呢！”

原来，沙利文博士与唐博士是老相识，他负责该公司基因工程奶牛多克隆抗体项目，曾经访问过唐博士所在的实验室。沙利文博士带领大家进入养牛场，小迪一进去，就被这个宽敞洁净的牛舍所震撼了。牛舍、围栏等设施都非常洁净，地面铺满软软的细沙，每头牛都被打扮得干净漂亮，似乎牛毛都被认真梳过。置身其中，几乎闻不到一点儿其他牛场常有的异味，也见不到一只苍蝇。

“这里根本不像一个奶牛场，反而像一所奶牛的五星级酒店。”小迪的话把大家给逗乐了。

“是的，因为这些奶牛都是宝贝，每头奶牛都可能会挽救数百人的生命，所以我们把它们当成贵宾，悉心照顾，让它们能愉快地生产药物。”

“沙利文叔叔，这些奶牛除了比其他奶牛洁净漂亮之外，看不出有什么特别之处呀，它们怎么能生产出抗生物武器的药物呢？”

“当然，从外表来看，这些奶牛并没有什么特别之处，但是它们体内都含有一大段人源的DNA，这主要得益于我们研究人员建立的一种转染色体技术。一般转基因生物转入的外源基因仅有数千个碱基，而我们的转染色体奶牛则需要将总长度达上百万个碱基的人源染色体片段转入奶牛的基因组中。这项技术难度非常大，全世界目前只有少数几个实验室能掌握这项技术。”

“为什么要转入这么长的人源染色体片段呢？”小迪继续问道。

“人的免疫细胞会根据不同的抗原，如致病微生物或毒素，分泌出对应的不同抗体分子。而抗体是由重链分子和轻链分子组成的，这些抗体重链分子和轻链分子则分别由不同基因所指导合成和分泌，这些重链基因和轻链基因分别串联排列在人的不同染色体上。不过，它们的长度一般都在几十万甚至上百万碱基以上，相当于一条小的染色体。我们提出一个假设，如果将动物的所有免疫球蛋白基因破坏掉，然后将含有人的全部免疫球蛋白重链基因和轻链基因的染色体片段完整转移到动物基因组中。当我们将任何一种致病微生物注射到这种动物体内后，这些动物免疫系统就能分泌出可特异结合和清除这种致病微生物的人源多克隆抗体。我们可以叫这种动物为转染色体动物，以区别于转基因动物。”

“将全部的人免疫球蛋白基因片段转入奶牛基因组内，这真是一个大胆而了不起的创意，难度真的很大！我们实验室曾经尝试过，一直没有成功。你们是怎么做到的呢？”唐博士问道。

“我们先制备了一种转染色体小鼠，看看效果如何。因为小鼠的全基因组测序完成，敲除小鼠合成抗体的全部基因相对较为简单，然后再想办法将上百万个碱基的人免疫球蛋白基因片段转入小鼠基因组中。结果，这种转染色体小鼠果真能分泌出人源的多克隆抗体，而鼠源抗体则基本检测不到。不过小鼠体形太小，它们分泌的人源多克隆抗体产量非常低，无法保障临床用量，因此我们想到了奶牛这种最大的家养动物。转染色体奶牛制备的基本思路与小鼠基本相同，但是实际操作难度要大得多。但经过10多年的不断改进，我们终于成功将所有人抗体重链和轻链基因片段转入牛的基因组中，同时也将牛基因组中自身的抗体基因片段破坏掉了。不出所料，这些新一代转染色体奶牛经过病原微生物或毒素免疫后，牛的血清中含有的人源多克隆抗体含量平均为5克/升，最高可达15克/升，与人的血清抗体的正常水平基本相当，这正是大家今天所看到的奶牛。”

“老伙计，我真是非常佩服你们能培育出这种转染色体奶牛，只是它们生产的人源多克隆抗体是否有疗效？”

“当然，我们对所有转染色体奶牛都进行过免疫测试。研究人员曾将无致病性的炭疽毒素注射到其中一头转染色体奶牛体内，很快，这头转染色体奶牛的血清中产生重组人源多克隆抗体，然后再用有致病性的炭疽毒素去攻击这头牛，结果奶牛竟然安然无恙，这表明转染色体牛的血清产生的人源多克隆抗体能有效抵抗炭疽毒素的攻击。”

“小迪，炭疽是能感染家畜和人的急性传染病，由炭疽杆菌分泌的炭疽毒素引发，死亡率非常高。如果感染者得不到及时的治疗，有时死亡率可高达90%，因此被一些不负责的国家或恐怖分子用作生物武器。”唐博士怕小迪不明白，解释道。

“真可怕！”小迪听完唐博士的解释，不由地打了一个寒战。

“不过，我们利用转染色体奶牛生产的人源多克隆抗体，除了用来对付生物武器，还能对付突发的恶性传染病，如埃博拉病毒、中东呼吸综合征、重症急性呼吸综合征（SARS）等，只要我们能分离出致病微生物或其产生的毒素，就能快速生产出大量的人源多克隆抗体，用来治疗这些致病微生物的感染者。目前，我们利用埃博拉病毒进行了一系列研究。你们可能听说过，埃博拉病毒是引发人类和灵长类动物发生埃博拉出血热的烈性传染病病毒，可通过与患者体液、排泄物直接接触，或与患者皮肤、黏膜等接触而被传染，死亡率高达30%以上。2014年，新一轮埃博拉疫情在西非暴发，感染人数近3万，造成上万人死亡，是近几十年来全世界最严重的一次疫情。我们与美国陆军传染病医学研究所合作，采用埃博拉病毒外壳表面上一种无毒的糖蛋白作为抗原，注射到转染色体牛体内，很快这些牛的血液中就产生了大量的人源多克隆抗体。我们将其纯化出来后，对实验小型猪进行了致病性埃博拉病毒的攻毒试验，结果显示，这些人源多克隆抗体能让90%的小型猪在病毒攻击中存活下来。我们接下来计划开展灵长类动物的攻毒试验，如果效果理想，将进行人体临床研究，直至开发出抗埃博拉病毒的人源多克隆抗体新药。现在美国食品药品监督管理局也出台了关于人血清或动物血清来源的多克隆抗体药物的审批程序。如果这种抗埃博拉病毒的药物能研发成功，针对其他烈性传染病或将来面临恐怖分子生物武器袭击时，这些转染色体奶牛完全能肩负重任，拯救很多人的生命。”

“想不到科学家竟然能创造出这么神奇的基因工程动物，既能生产对付化学武器的解药，又能成为生物武器的克星，我希望将来也能从事这种既有意思又有意义的生命科学研究。”小迪由衷地钦佩这些科学家们。

第十三章
降服“牛魔王”

疯牛病曾经让欧美养殖业遭受重创，也给人类健康带来巨大威胁，一时间让人们谈“牛”色变。研究发现，动物细胞中的一种重要蛋白——朊蛋白结构发生变异，导致该变异蛋白在脑组织内大量聚集，引发疯牛病症状。日本和美国的科学家合作，利用基因敲除技术将朊蛋白基因破坏，培育出一种不会感染疯牛病的奶牛，除了农业生产用途，这种基因敲除奶牛将来可能还会在人类健康领域发挥重要作用。

“我们非常期待你们的研究成果早日开发出来，这对整个人类都是一件大好事。”唐博士对沙利文博士说道，“听说你们还参与培育一种不会患上‘疯牛病’的基因工程奶牛。”

“哦，是的，我们10年前曾经培育过一种基因敲除的奶牛，它们的后代目前还生活在我们的养牛场呢。这些基因敲除奶牛和它们的后代都可能不会感染疯牛病。”

“什么是疯牛病？难道这些牛真的发疯了吗？”小迪问道。

“疯牛病是20世纪80年代在英国暴发的一种致敏性传染病，因病牛会表现出步态不稳、平衡失调、瘙痒、烦躁不安等症状，因此被媒体称为疯牛病。后来，科学家发现，疯牛病是由一种特殊的‘病毒’侵袭牛的中枢神经系统引发的，病牛的脑组织变得像海绵一样，里面呈空泡状，因此又叫牛海绵体脑病。”沙利文博士解释道。

“原来疯牛病是感染病毒才引发的。这种病毒这么厉害，有什么特殊之处吗？”小迪进一步问道。

“这种病毒叫朊病毒，它与普通的病毒有很大的区别，一般病毒都是由蛋白质外壳包裹着遗传物质的，病毒的蛋白质外壳负责侵入动物细胞并释放其遗传物质，遗传物质则会利用动物细胞来繁殖新的病毒。但朊病毒其实只是一种结构发生变异的蛋白质，并不含有遗传物质。这种蛋白质叫作朊蛋白，人和高等动物的体内几乎都含有结构正常的朊蛋白，但是一旦有少量朊蛋白的空间结构发生某种错误折叠，这些结构异常的朊蛋白会结合正常的朊蛋白，诱导后者也发生类似的结构变异，表现出与病毒一样的自我复制能力。这种结构异常的朊蛋白也被称为朊病毒，会在脑组织内大量聚集，引发疯牛病症状。”沙利文博士给小迪详细讲解起来。

“疯牛病原来不是由普通病毒引起的，而是由朊蛋白结构变异引起的。”小迪总结道。

“是的，这种朊病毒传染性非常高，死亡率几乎达到100%。由于人们对疯牛病并不了解，一些英国的饲料加工厂甚至将病牛的骨粉加入饲料中，加快了疯牛病在欧洲乃至全球的传播。从1986年开始，全球已有26个国家发现了疯牛病病例，确诊患有疯牛病的牛超过19万头，其中，英国的病牛数量达18万头以上，一度给英国甚至欧洲的养牛业造成巨大的经济损失。最可怕的是，朊病毒不仅会感染牛或者是猫科动物，还会感染人类，一旦人食用了病牛的牛肉、牛奶等产品，就可能导致大脑损害，患者变得震颤、痴呆，最后因大脑严重损伤而死亡。”

“太可怕了！疯牛病能不能治好呢？”

“目前还没有特别有效的治疗方法，一旦发现病牛，只能将其及同场的牛全部宰杀，英国就曾因此宰杀400多万头牛，造成经济损失达40多亿英镑。不过，由于基因工程技术的发展，有科学家提出设想，如果想办法将牛编码朊蛋白的两个等位基因全部破坏，让其无法在牛体内合成朊蛋白，这些牛则无法感染朊病毒，自然就不会患上疯牛病。这一将某个基因破坏、使其无法正常合成蛋白质的过程，就像拳击比赛中一方彻底击倒（knock-out）对手，科学家将这一过程形象地称为基因敲除（gene knock-out）。”

“这倒是一个不错的想法，科学家是怎么实现它的呢？”唐博士赞赏道。

“20世纪90年代初，瑞士苏黎世大学的科学家研究发现，小鼠朊蛋白结构发生变异后，也会患上类似疯牛病症状的瘙痒症。但是，如果小鼠的朊蛋白基因被破坏后，即使接触到从瘙痒症小鼠体内分离的朊病毒，这些基因敲除小鼠也不会感染瘙痒症，而且它们的生长发育、繁殖性能等方面都没有受到不利影响。而那些普通小鼠在接触朊病毒后 6 个月内，都因为感染瘙痒症相继死亡。这项研究表明，敲除朊蛋白基因有望消除疯牛病的病根。”

“小鼠朊蛋白基因敲除效果不错，奶牛是否也能达到同样的效果呢？”小迪问道。

“受瑞士科学家研究的启发，我们与美国农业部国家动物疾病中心等研究机构的科学家合作，首先从一头荷斯坦奶牛胎儿皮肤组织培育出牛的体细胞，利用连续基因敲除技术，即先将奶牛的一个朊蛋白等位基因破坏，在此基础上再实施基因敲除操作，将奶牛细胞的另一个朊蛋白等位基因也破坏，这样即获得基因敲除细胞，该细胞的两个朊蛋白基因都无法合成朊蛋白。我们将这些细胞的核移植到其他奶牛的卵母细胞中，培育出克隆胚胎，将克隆胚胎移植到代孕母牛体内孕育，这样生出的小牛就是朊蛋白基因被敲除的奶牛。”

“培育基因工程大动物好像都需要用到体细胞克隆技术。”小迪发现，参观过的很多神奇动物都是由体细胞克隆技术培育出来的。

“是的，研究人员对这些朊蛋白基因敲除奶牛进行了生长发育、健康状况、繁殖性能等方面的测试，发现这些基因敲除奶牛与普通奶牛没有什么差别，这表明朊蛋白基因被破坏后，即使不能合成朊蛋白，也不会对奶牛的生长发育、健康状况、繁殖性能等产生不利影响。不过，这项研究最关键的步骤就是检测这些基因敲除奶牛是否具有抗疯牛病的能力，由于担心直接对这些基因敲除牛进行攻毒试验，即饲喂含有朊病毒的饲料，可能造成疯牛病的扩散。因此，研究人员专门设计了一个试验，在严格防护实验室环境下，从一头 10 个月大的基因敲除奶牛体内取出脑组织，然后与感染朊病毒的脑组织进行混合，发现朊病毒在基因敲除奶牛的脑组织中并没有增殖，而普通牛对照组与感染牛脑组织混合后，很快就能观察到朊病毒的增殖。这表明正常的朊蛋白是朊病毒增殖的基础，也说明朊蛋白基因敲除牛能够有效抵御朊病毒的传播。”

朊病毒

说话间，沙利文博士将大家带到了另一个牛舍，小迪看到十几头漂亮的奶牛在悠闲地散步，3 头小牛依偎在妈妈身旁喝奶，还有 2 头小牛正在嬉戏玩耍。

“这些都是朊蛋白基因敲除奶牛的后代。”沙利文博士介绍道。

“沙利文博士，目前，全球疯牛病已经得到了有效控制，最近几年甚至都没有有关疯牛病病例的报道，还有必要继续研究朊蛋白基因敲除奶牛吗？”唐博士问道。

“这正是很多人感到疑惑的问题，在世界卫生组织和各国政府的共同努力下，曾经让人谈‘牛’色变的疯牛病已经得到有效控制。但是，由于牛身上仍然存在朊蛋白，一旦由于某些原因发生结构变异，疯牛病很有可能卷土重来，因此，通过对朊蛋白基因敲除牛的深入研究，或许可以帮助我们找到预防疯牛病大规模暴发的方法。”

“有道理。”

“另外，随着生物制药技术的发展，奶牛将成为一种生产多克隆抗体、重组蛋白药物的生物反应器，就像我们刚刚看到的生产多克隆抗体的转染色体奶牛。而且，牛身上的一些组织、细胞或血液成分，也可能被开发成救命的药物。例如，美国一家制药公司就利用牛的血红蛋白开发出一种人造血液，常温储存时间可以超过 3 年，与各种血型都有较高的相容性，运输氧气的能力也并不比正常血液差，能在短时间替代人血。这种人造血液如果用于急救患者的输血，可以为伤病员争取到较长的救治时间。该产品已在美国、南非和一些欧洲国家等地开展了 20 多项临床试验，受试患者超过 800 人，疗效很不错。不过，由于担心这种牛源血红蛋白可能残留对人类健康造成威胁的病原微生物或朊蛋白，美国食品药品监督管理局一直没有批准该产品用于人的输血。倒是南非率先批准该产品的临床应用，主要因为南非的艾滋病感染率太高，献血存在很大的艾滋病感染风险。相对于艾滋病的感染风险，牛血红蛋白人造血产品的朊病毒感染风险几乎不值一提。目前，该产品已经挽救了很多患者的生命。”

“原来是这样，看来朊蛋白基因敲除牛将来主要应用在生物制药领域。利用奶牛生物反应器生产人用药物蛋白或抗体，都可能需要将朊蛋白去除，以杜绝疯牛病的威胁。”

“是的，随着生物科技的发展，动物将成为人用药物蛋白、人用组织器官的重要来源，但是，朊蛋白和一些内源性反转录病毒的存在是这些基因工程动物大规模应用的重要障碍之一。因此，利用基因编辑技术将这些不利基因去除，或者让其沉默，将加速基因工程动物产品的产业化进程，更快、更好地为人类健康服务。”

“沙利文博士，非常感谢您的接待和介绍，也希望您将来有机会来我们的‘神奇动物世界’主题公园参观。我们的研究人员也已培育出朊蛋白基因敲除的奶牛，将来希望能像你们一样，将这项技术应用到药物开发及动物源人用组织器官生产上，期待将来的交流合作。”

“谢谢唐博士的邀请，我也非常期待能去中国，参观‘神奇动物世界’主题公园一定会是非常奇妙的经历。”

告别沙利文博士，小迪一家回到旅馆，小迪想：下一站该去哪儿呢？

第十四章
不长角的奶牛

牛角曾经是野牛，特别是公牛抵御野兽攻击的重要武器。500～1000年前，一些牛发生基因突变，不能长出牛角，似乎随时有被淘汰的危险。不过，随着现代养牛业的发展，牛角容易对牛和养牛人造成伤害，已变成了不得不去除的累赘。去除牛角不仅费时费力成本高，也给牛带来痛苦和感染疫病的风险。有科学家利用基因编辑技术，专门培育出一种无角的奶牛，解决了这一难题。

小迪一家终于回到宾馆，打算好好休息一下。唐博士洗漱完毕后，打开电视，换了几个频道，一档关于西班牙圣弗尔明节（又名奔牛节）的节目吸引了唐博士的目光。

在西班牙东北部潘普洛纳城一条并不宽阔的石板街上，成千上万名身穿白衣白裤、扎着红腰带的游客聚集在一起，有说有笑，正怀着既兴奋又紧张的心情，准备迎接一项即将到来的狂欢活动。

突然，在这条石板街的一端，一头壮硕高大的公牛朝人群低头猛冲而来，刚刚还欢笑不已的游客们惊慌失色，赶紧夺路狂奔。有跑得慢的游客，公牛冲过来，直接用粗壮的牛角顶撞，被袭击的游客惨叫不已，其他游客赶紧合力驱逐公牛，救下受伤者。有些胆子大的游客，竟然还解开红腰带，挑逗起发怒的公牛来，待公牛俯冲过来，则机敏地跳到街边的防护栏内，公牛只好去寻找下一个目标。游客亲身感受到了这一西班牙传统活动的刺激和魅力。

这项活动已有几百年的历史，深受一些喜欢寻求刺激的游客的青睐，每年都是人山人海。不过，总有一些不幸者，被公牛的牛角冲顶或牛蹄踩踏而受伤，甚至有人因此丧命，这也让奔牛节备受争议。电视中就有一位男子在挑衅公牛时，没来得及躲闪，被公牛用牛角顶到半空中，又重重摔在地上，众人将其救起时，已满面鲜血。

唐博士正看得过瘾，这时小迪走了过来，正好看到血腥的一幕，赶紧捂住眼睛对爸爸说："爸爸，太可怕了，你怎么看这么血腥的节目呀，赶紧换台吧！”

“好吧，这种节目的确有点儿少儿不宜。”唐博士直接关了电视。

“爸爸，我有个问题，刚刚电视里的公牛角又粗又壮，被公牛当成武器，还挺厉害的。为什么我们这两天看到的奶牛却都没有牛角呢？”小迪慢慢平复了下来，因为见识了牛角的厉害，突然想到了这个问题。

“小迪观察得还挺仔细的，值得表扬。大多数牛本来都是有角的，角也是它们用来打败那些老虎、狮子、豹子等掠食者的主要武器，有时也会用于争抢食物或领地时与同类打斗。但是在养牛场，这些牛角就成了不好的东西，因为养牛场已经没有掠食者了，而且用牛角打架，容易造成牛或养牛人受伤。因此，养牛人只好在奶牛刚出生不久就将它们的牛角去掉，所以我们看到的养牛场都是没有牛角的牛。”

“那怎么给这些牛去角呢？”

“一般是在牛出生几周后，牛角刚刚冒出一个小头时，兽医用热烙铁将小角烙掉，或者用锯子将牛角锯掉。不过这些方法不仅费时费力，也会给牛只带来极大的痛苦，去角时形成的伤口也容易导致牛只感染疾病，因此引起了一些动物保护主义者的激烈反对。出于人道主义和市场考虑，一些食品生产企业和大型超市决定对没有被实施暴力去角的牛的产品给予优待。”

“保留牛角吧，很危险；去掉牛角吧，又很不人道，难道就没有更好的选择吗？”

“有的，国际著名学术期刊《自然·生物技术》就发表了一篇关于利用基因编辑技术去除牛角方法的研究论文，文中称，美国明尼苏达大学的研究人员培育了一种天生没有牛角的奶牛新品种，既能低成本地将牛角去掉，又让牛没有痛苦。”

“爸爸，原来这些无角牛就在明尼苏达州，那我们什么时候可以去参观呀？”

“明尼苏达州正好紧邻南科达州的东北部，我们休息一两天，我与这些研究人员联系好后，就可以去参观了。”

唐博士很快联系上了明尼苏达大学的斯科特·法伦克鲁格教授，

他正是无角牛项目的主要负责人。同时，他也创办了一家从事基因编辑技术开发的生物公司。斯科特教授很爽快地答应了唐博士一家访问他们牛场的请求。

于是，第二天早上，小迪一家便搭乘航班前往明尼苏达州首府圣保罗市，按照斯科特教授提供的地址，来到了位于圣保罗市近郊的一个农场。

一位身材魁梧、头发灰黑短卷、下巴蓄有短须的中年男子已在门口等候多时，小迪一家下车后，男子微笑着说道："唐博士，非常欢迎你和家人访问我们的牛场！我是斯科特。"

唐博士："斯科特教授，早就听说您在基因工程技术领域的研究成就，非常高兴今天能见到您，也非常感谢您能同意我们的来访。"

"您好，教授，我叫小迪，我想知道，您是怎么让小牛不长角的呢？"小迪迫不及待地问道。

"啊哈，小迪，你好！这是我们最近完成的一项有意思的研究，我们先进去看看这两头无角牛吧。"斯科特教授笑着回答。

在斯科特教授的引领下，大家来到了一间犊牛舍，小迪走在最前面，看见了两头长得几乎一模一样的漂亮黑白花小公牛。只见两头小牛的头部、四肢和尾部都呈白色，躯体则以黑色为主，只有肩部和臀部有小块白色，小牛见到有人进来，一点儿也没有害怕的意思，还凑到小迪跟前，舔起小迪的手来。

"教授，这是一对双胞胎吧？你看它们的毛色、身高、神态，多像呀！"小迪好奇地问道。

"是的，它们分别叫斯波迪基和布利，算是一对双胞胎，因为我们从一头非常优秀的种公牛耳朵取下一小块耳组织，在实验室培育出体细胞，然后对这些体细胞的特殊基因进行修改，再将这些修改后的细胞核取出，与高产奶牛的卵母细胞结合成新的重组胚胎，这正是体细胞核移植技术的过程。我们将这些重组胚胎移植到不同的代孕母牛体内，最后就生出了这两头健康的小公牛。"

"原来这两头小牛是这么出生的，那为什么要对那些公牛细胞的基

DNA

因进行修改呢？”小迪进一步问道。

“这正是斯波迪基和布利的特别之处。你们看，这两头公牛没有长牛角，就是因为它们的一小段基因片段被修改。其实，牛角是野牛抵御野兽的重要武器，但是500～1000年以前，一些牛身上发生了自然的基因突变，这些牛再也不会长出牛角。无角牛因为不会互相伤害，也不易伤及养牛人，因此受到了养牛人的欢迎，育种学家也开始培育无角牛品种。世界著名的肉牛品种安格斯牛，就是无角牛的代表，最常见的荷斯坦奶牛中，也有6%的牛天生不长角。”

“原来也有荷斯坦奶牛不长角啊！根据遗传规律，如果将这些无角奶牛与有角奶牛进行杂交，应该可以培育出无角的荷斯坦奶牛品种吧？”动物遗传学正是唐博士研究生阶段攻读的专业，他知道只要将无角牛与有角牛进行杂交，然后选留无角的后代，经过一代又一代的选留，后代中的无角牛就会越来越多，逐渐把有角牛淘汰掉，这样就会培育出一个无角的奶牛新品种，这也是动植物杂交育种的基本思路。

“是的，理论上这样是可行的。不过你知道，奶牛育种首先要考虑奶产量。遗憾的是，人们在选育无角奶牛的时候，发现无角奶牛的奶产量提高得并不理想，人们宁愿选择奶产量较高的有角牛，这样无角牛的数量在奶牛群体中增加非常缓慢。科学家发现，无角牛的第一号染色体上有一段基因序列，与有角牛的同一位置基因序列存在显著差别，可能是牛能否长角的关键基因。这段基因序列被动物遗传学家称为无角基因。其中，普通牛身上的为野生型无角基因，而无角牛身上的序列则为突变型无角基因。我们利用基因编辑技术，将有角公牛的野生型无角基因序列替换成在无角牛的突变型无角基因序列，并利用体细胞克隆技术获得这两头小公牛，结果10个多月后，它们也没有长出牛角，表明这种基因替换可以培育出无角的牛。”

“基因替换就能让牛长不出牛角，这太有意思了。”小迪兴奋地说。

“是的，这个想法真棒，试验效果也不错，真正实现了无痛去角，但是这会不会与转基因技术一样，在走向市场时也会遇到很多阻碍？”唐博士更关心前沿技术的市场应用前景。

“我们的目标也是希望能尽快将这些基因编辑无角牛推向市场，我们认为它们的市场前景还是比较乐观的。因为这项技术将较好地满足养牛人对无角牛的巨大需求，既降低了养殖成本，又不会给牛带来痛苦，当然也可以消除动物保护主义者的担忧。另外，这项技术并不同于转基因技术，只是将一段在一群牛身上自然存在的基因序列引入另一群牛的体内，并没有转入其他物种的基因。将一些优良基因从不同品种集中到一个品种中，这正是杂交育种技术一直追求的目标。只是要将控制牛角生长发育的基因序列引入高产奶牛身上，杂交技术需要二三十年，而我们采用的基因编辑技术则只需 2 ～ 3 年时间，这也是这项技术的主要优势之一。”

“真是革命性的技术进步！我听说美国农业部在评估一种蘑菇时，认为这种基因编辑蘑菇没有引入外源基因，只是将其他蘑菇已有的基因序列引入这种蘑菇身上，较好地解决了蘑菇容易褐变的问题，因此，将这种基因编辑蘑菇视同普通蘑菇，不需要特殊监管。估计你们研发的基因编辑无角牛，也能很快获得美国监管部门的批准。”

“希望如此，我们正在跟美国农业部和食品药品监督管理局沟通，看看如何让这些基因编辑无角牛尽快走向市场。当然，我们还有很多工作要做，包括繁殖出更多的无角公牛，并评估这些无角公牛的繁殖性能，它们后代的产奶性能，以及产品的食用安全性。听说你们正在规划建设‘神奇动物世界’主题公园，我希望这些无角牛能在你们的公园里面有一席之地。”

“那太好了，我们非常希望能在‘神奇动物世界’主题公园看到这种无角牛，为孩子们展示基因编辑技术的魅力。”

第十五章
患上人类肿瘤的小猪

研究发现，一半以上人类肿瘤的产生与抑癌基因*p*53突变有关，科学家开发了一系列*p*53基因突变型小鼠模型，希望模仿人类肿瘤的主要症状，但是结果不尽如人意。幸好，美国科学家研制出能模仿人类肿瘤症状的基因工程小型猪模型，能重现多种人类肿瘤的主要症状，并适合利用现代医用检测设备进行检测分析，可望将来在抗肿瘤新药开发上发挥更大的作用。

“斯科特教授，听说你们除了利用基因编辑技术培育畜禽新品种之外，还正在利用这些技术开展医学方面的研究。”唐博士问道。

“是的，我们对异种器官移植和动物疾病模型等方面很感兴趣，这也是基因编辑技术重要的应用领域，我们希望能在人类医学研究和应用方面做更多的工作。”斯科特教授回答道。

“利用动物生产可供人类移植的异种器官，以及将动物改造成人类疾病模型，用于研究人类疾病机理和研制相关药物，也是我们‘神奇动物世界’主题公园关注的重要内容。不知你们有没有这方面的最新研究成果呢？”唐博士进一步问道。

“我们在这方面的研究还处于初级的阶段，不过我可以介绍人类疾病模型猪研究领域的科学家给你们认识，比如，美国榜样遗传公司的克里斯多夫·罗杰斯博士，他领导的团队培育了一种肿瘤模型基因编辑猪，可以模拟多种人类肿瘤。”斯科特教授不愧是动物基因工程领域的著名专家，对该领域的最新研究成果了如指掌。

“那太好了！我们正希望去参观呢，非常感谢您的推荐。”其实，唐博士已经计划去美国榜样遗传公司参观，不过有斯科特教授的推荐，会方便许多。

美国榜样遗传公司成立于2008年，是专门从事基因工程猪疾病模型研究的生物技术公司，位于爱荷华州的苏族中心市，由于公司距离圣保罗市只有400多千米的路程，唐博士决定来一次自驾游，顺便看看沿途的风景。

于是，唐博士租了一辆越野车，一家人开着车，走走停停，路过很多沿途的小公园，有时下车拍拍照，歇歇脚，太阳快下山了，才到达苏族市。由于天色已晚，唐博士一家开车到榜样遗传公司附近，找了一家快捷旅馆住下，计划第二天早上再去找罗杰斯博士。

吃过晚饭，小迪照例与爸爸讨论起明天的行程。

“爸爸，我们明天要去参观什么呢？”小迪迫不及待地问道。

“明天我们要参观的榜样遗传公司，以及这家公司培育的一群非常特别的小猪。”唐博士回答道。

“噢，这些小猪有什么特别的呀？”小迪问道。

“这些小猪都是一些患病的小猪，而且患的都是人类才会得的疾病，你说特别不特别？”

“啊，为什么小猪会患上人类的疾病呢？”

“人类基因组在漫长的进化过程中会发生突变，一些基因突变会让人变得更强大、更聪明。而另一些基因突变则可能让人患上疾病，如白化病、红绿色盲、多指等。不管是‘好’的突变，还是‘不好’的突变，都会遗传给下一代，那些‘不好’的突变带来的疾病就被称为遗传病。”

“原来遗传病是这么来的，但这和小猪患人的疾病有什么关系呢？难道这些小猪患上了人类遗传病吗？”

“正确。这些小猪患上了人类遗传病，准确地说，它们模仿了人类遗传病。”

“模仿？它们为什么能模仿人类遗传病呢？”

“目前已知的人类单基因遗传病有数千种，但很多遗传病的致病机理还不是很清楚，也没有好的治疗药物。因为这些遗传病往往属于罕见病，患病的人数比较少，不便于研究，所以科学家希望让小猪来模仿人类，表现出与人类遗传病相同的症状，这样，科学家就可以认真研究这些疾病是怎么产生的，有什么药物和治疗方法可以治好这些病等问题。”

“原来这些小猪竟然能模仿人类遗传病的症状，它们真伟大，为我们做出了这么多贡献。不过，怎样才能让动物患上人类的遗传病呢？”

“这个很简单，首先弄清楚人类遗传病是发生了什么基因突变，然后利用基因工程技术，让小猪的基因也发生相同的基因突变，再通过体细胞克隆技术，将这些小猪的细胞培育成克隆胚胎，并放入代孕母猪体内，培育出基因工程小猪，小猪长大后就可能表现出人类遗传病的症状。”

“那我们明天就能看到这些小猪了吗？”

“是的，不过我们这次去参观的主要并不是遗传病猪模型，而是一种肿瘤猪模型，我叫它们‘肿瘤猪猪侠’。”

“‘肿瘤猪猪侠’，有意思！为什么起这个名字呢？”

“因为这些小猪是为解救患上癌症的人类才会得病的，而且得的都是肿瘤，它们就像行侠仗义的‘猪猪侠’一样，舍己为人，所以我给它们起了这个名字。其实其他人类疾病猪模型，也都是‘猪猪侠’。”

“那这些‘猪猪侠’是怎么患上肿瘤的呢？”

“这个问题，等我们明天去参观时问罗杰斯博士吧。”

第二天早上，经过约半小时的车程，小迪一家来到了位于郊区的美国榜样遗传公司。该公司四周都是农田，公司的办公室、实验室和猪场都建在一起，出来迎接的是一个30多岁的小伙子，正是罗杰斯博士。

罗杰斯博士很有礼貌地和大家一一握手，然后把大家让进了一间会议室。

“欢迎各位的光临！我知道你们主要来参观基因工程猪疾病模型，首先请允许我介绍一下我们公司基因工程猪的基本情况。我们是一家专门从事基因工程猪疾病模型研发的公司，目前已建立了多种基因工程猪人类疾病模型，涉及囊泡性纤维症、高胆固醇血症、动脉粥样硬化、心脏病、肾病、癌症等人类疾病。”

罗杰斯博士一边说着，一边打开早已准备好的电脑，向大家展示了这些人类疾病模型猪的研究历史、特征、应用情况等。原来，罗杰斯博士与其在爱荷华大学的同事，培育出了第一个基因敲除小型猪囊

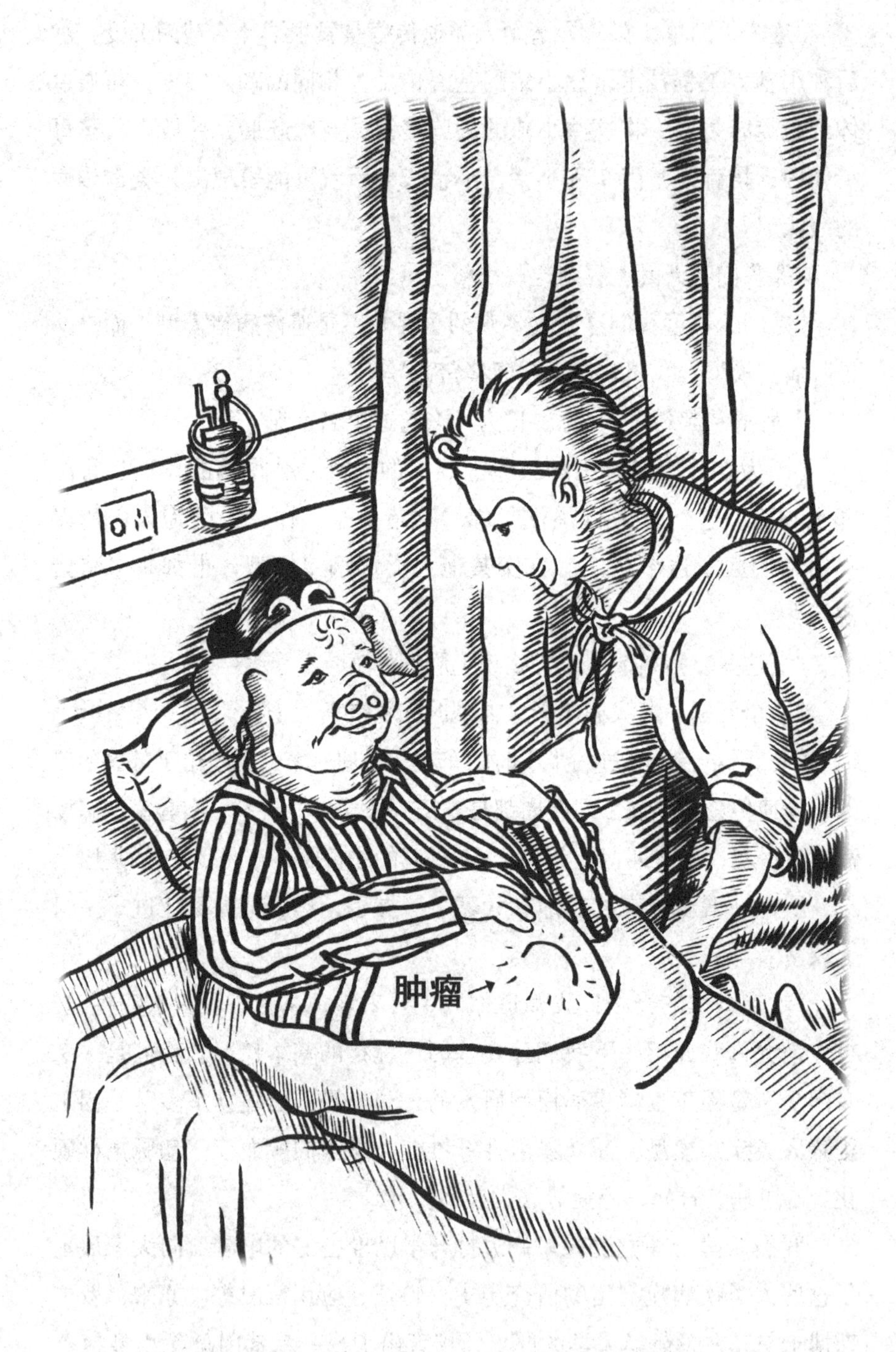
肿瘤

泡性纤维症模型，并把研究成果发表在《科学》杂志上。之后，罗杰斯博士与其他人一起创办了这家公司，并出任首席技术官，该公司几乎所有的小型猪模型研发都有他的参与。

“罗杰斯博士，您好！我非常疑惑，为什么你们能让猪患上人类的肿瘤呢？”当罗杰斯博士讲到肿瘤模型时，小迪抛出了一直想问的问题。

“谢谢小迪的问题。这得先介绍一下人类肿瘤是怎么形成的。很多人类肿瘤的产生都跟一个基因的突变有关系，科学家将这个基因命名为 *p53* 基因。最初人们误以为它是一个癌基因，因为一半以上的肿瘤细胞中均能检测到与这个基因所编码的 p53 蛋白。后来，人们发现这个 *p53* 基因在所有细胞中都存在，只是肿瘤细胞的 *p53* 基因序列与正常细胞的存在差别。也就是说，*p53* 基因发生了突变，才导致肿瘤细胞的产生。后经进一步的研究发现，p53 蛋白的正常功能其实是抑制肿瘤细胞的生长，因此，*p53* 基因的真实身份应为抑癌基因。”

“哦，原来肿瘤细胞是因为 *p53* 基因发生了突变，无法合成正常的抑癌蛋白而形成的。”小迪插话道。

“是的，知道 *p53* 基因发生突变后，科学家就想办法在动物身上模拟人类肿瘤发生的表现，首先研制出小鼠肿瘤模型，一方面，是想让小鼠模拟人类肿瘤的发生和症状，好让科学家观察肿瘤是如何产生和发展的；另一方面，也希望用这些小鼠肿瘤模型，验证开发出来的抗癌药物是否有效。科学家先对小鼠身上的 *p53* 基因进行了修改，让小鼠的基因出现与人类肿瘤细胞一样的各种突变，然后研制出很多不同类型的肿瘤小鼠模型。”

“既然有了肿瘤小鼠模型，那还让小猪患上人类肿瘤做什么呢？”小迪继续问道。

“由于小鼠是最常见的实验动物，饲养成本低、实验操作方便，科学家就研制了数十种肿瘤小鼠模型。不过大家后来才发现，小鼠模型无法完全模拟人类肿瘤的症状。”

“为什么小鼠模型不能模拟人类的症状呢？”

“一方面，小鼠的体形太小，只有人类的 1/3000，其产生的肿瘤当然也很小，难以进行精细观察和诊断，也不能使用核磁共振成像等现代诊断技术，无法建立有效诊断方法；另一方面，小鼠的寿命较短，一般只有 2 ～ 3 年，而肿瘤属于典型的慢性病，其自然发展进程需要较长时间的持续观察研究，药物实验同样需要时间。”

“难道用小猪做模型就能解决这些问题吗？”

“是的，很多研究表明，猪和人的解剖、生理及遗传相似度都非常高，是人类疾病模型的理想材料。而且，一些实验用小型猪的体重可达 60 ～ 75 千克，与成年人相当，而猪的自然寿命可活到 10 年以上，我们有足够的时间对肿瘤发生、发展、入侵等情况进行长期详细的观察，因此，我们认为猪可作为理想的肿瘤模型。”

“猪竟然与人有这么多相似的地方，不过，怎样才能让小猪们患上人类的肿瘤呢？”

“这个跟制作小鼠模型的做法有点儿差别，我们先取小猪的皮肤细胞，用基因编辑技术将小猪细胞正常的 *p53* 基因修改成引起人类肿瘤的突变型基因，然后利用体细胞克隆技术培育出 *p53* 基因突变克隆胚胎，再将克隆胚胎移入代孕母猪体内，生下的小猪长大后会表现出一些主要的人类肿瘤症状，就成了人类肿瘤小猪模型。”

“我们什么时候去看看这些小猪呀？我都有些等不及了。”

“好，我们现在就去。”

罗杰斯博士带领着大家，来到办公楼后面一个密闭的房子里，大家换上防疫服，穿戴好一次性的防疫鞋套和帽子，并用消毒水仔细洗手后，进入了一个约 10 米长的紫外线消毒通道，然后进入了参观通道。这时，大家透过玻璃看到一个一个的小房间，每个小房间有五六只深棕色小猪，有的在呼呼大睡，有的在追逐打闹。

“太可爱了，它们完全不像是患病的小猪呀？”小迪看到这么多萌萌的小猪，不禁惊叫起来。

“是的，这些小猪刚生下来不久，只是携带 *p53* 突变基因，还没有表现出肿瘤症状。但大约半年后，这些症状就会慢慢表现出来。之前，已经检测过的一些基因编辑小猪表现出多种肿瘤的症状，包括淋巴瘤、骨瘤和肾癌等，我们还用医疗检测设备对这些小猪进行检查和分析，为进一步研究这些肿瘤的致病机理及药物开发提供了详细的数据。下一步，我们还准备用这些小猪验证一些抗肿瘤新药的疗效，以提高这些抗肿瘤新药的研发成功率。”

“真可怜！这么可爱的小猪长大后会患上肿瘤。”小迪又有些伤心起来。

“它们是‘肿瘤猪猪侠’，为人类的健康牺牲自己的健康甚至是生命，很多动物都默默地为人类的健康做出巨大的贡献，所以我们一定要善待动物。”唐博士在安慰小迪的同时，也说出了自己的心声。

第十六章
“二师兄”为“猴哥”续命

对于那些遭遇器官致命病变的患者来说，器官移植已成为他们重获新生的唯一希望。但是，世界范围内的器官供体严重短缺，又让希望慢慢变成了绝望。如今，科学家早就将目光转向动物身上，由于猪的器官大小、生理结构、代谢特性与人体较为接近。而且，猪饲养方便，生长快速，已成为异种器官移植的理想供体。

“的确是这样，这些小猪不仅可以作为人类疾病模型，将来还可能提供器官给人类使用。”罗杰斯博士接着说道。

“天啊，猪的器官还能移植给人用？”小迪觉得将猪的器官移植到人身上，简直不可思议。

“是的，现在美国很多实验室正在开展猪的异种器官移植研究。比如，美国国立心脏、肺和血液学研究所的莫希丁博士，他领导的团队将基因工程猪的心脏移植到狒狒体内，结果接受猪心脏移植手术的狒狒最长存活了 900 多天，你们可以去那里参观。”罗杰斯博士介绍道。

“好主意，我们近日将前往美国国立心脏、肺和血液学研究所参观。”

美国国立心脏、肺和血液学研究所隶属于美国国立卫生研究院，是该研究院的第三大研究所，位于马里兰州中部的贝塞斯达市。在罗杰斯博士的帮助下，唐博士联系到了莫希丁博士。一家人很快就买好机票，前往贝塞斯达市。

到达研究所时，接待他们的是莫希丁博士的助手，唐博士才知道莫希丁博士正在做猪与狒狒的异种心脏移植手术，小迪一家看到了一场特殊的心脏移植手术。

来到手术室外，隔着透明玻璃，小迪看见两组外科医生正在分别围着两个手术台忙碌着，其中一个手术台上仰面躺着一只体长约一米的猪。只见猪的四肢和身体均被固定住，主刀的医生用手术刀将猪的胸腔打开，熟练地取出猪的心脏。与此同时，躺在另一个手术台上的狒狒的胸腔也被医生打开，狒狒的心脏被取出。很快医生们将猪的心脏放入狒狒的胸腔中，缝合好血管与伤口后，护士将手术后的狒狒推到监护室进行监测护理。

手术结束后，一位医生走了出来，正是莫希丁博士。

“不好意思，我刚才正在进行器官移植手术。非常欢迎你们来我们的实验室参观！听罗杰斯博士教授介绍，唐博士也是我们的同行，你们正在筹建‘神奇动物世界’主题公园？”莫希丁博士非常热情。

“是的，我们正在筹建‘神奇动物世界’主题公园，希望能将世界上最先进的动物生物技术研究成果都集中到这个主题公园，让更多的中国青少年近距离感受生物科技的魅力。”唐博士介绍道。

“莫希丁博士，您好！我是小迪。您能跟我们介绍一下刚才完成的手术吗？”小迪急忙问道。

“小迪，你好！很高兴你对这种手术感兴趣。我们刚才正在将猪的心脏移植到一只狒狒体内，看看猪的心脏能不能在狒狒体内存活，并发挥功效。”莫希丁博士饶有兴趣地回答道。

“为什么要将猪的心脏移植到狒狒的体内，而不是移植到其他动物的体内呢？”小迪继续发问。

“这个问题问得好。因为世界各国的医院里有很多病患，正在等待志愿者捐献的心脏、肺脏、肾脏等器官。但是，捐献的器官根本不能满足需要，只有不到10%的患者能等来器官，大多数患者只能在等待器官供体的过程中死去。为了解决器官供体短缺的问题，很早就有科学家提出设想并开展了类似的尝试，即将动物的器官移植到人体内，希望挽救患者的生命，这就是异种器官移植。其中，猪的器官大小、生理结构、代谢特性等都与人类相似，而且猪繁殖快、饲养成本低，因此，猪成为异种器官移植的主要研究对象。但是，毕竟猪的器官与人的器官还是有些差异，在所有安全措施没有研究清楚之前，是不能贸然将猪的器官移植到人体内的，因此，只能先在同为灵长类动物的狒狒身上做实验，这正是我们为什么要将猪器官移植到狒狒的体内，听明白了吗？”莫希丁博士讲解得很详细。

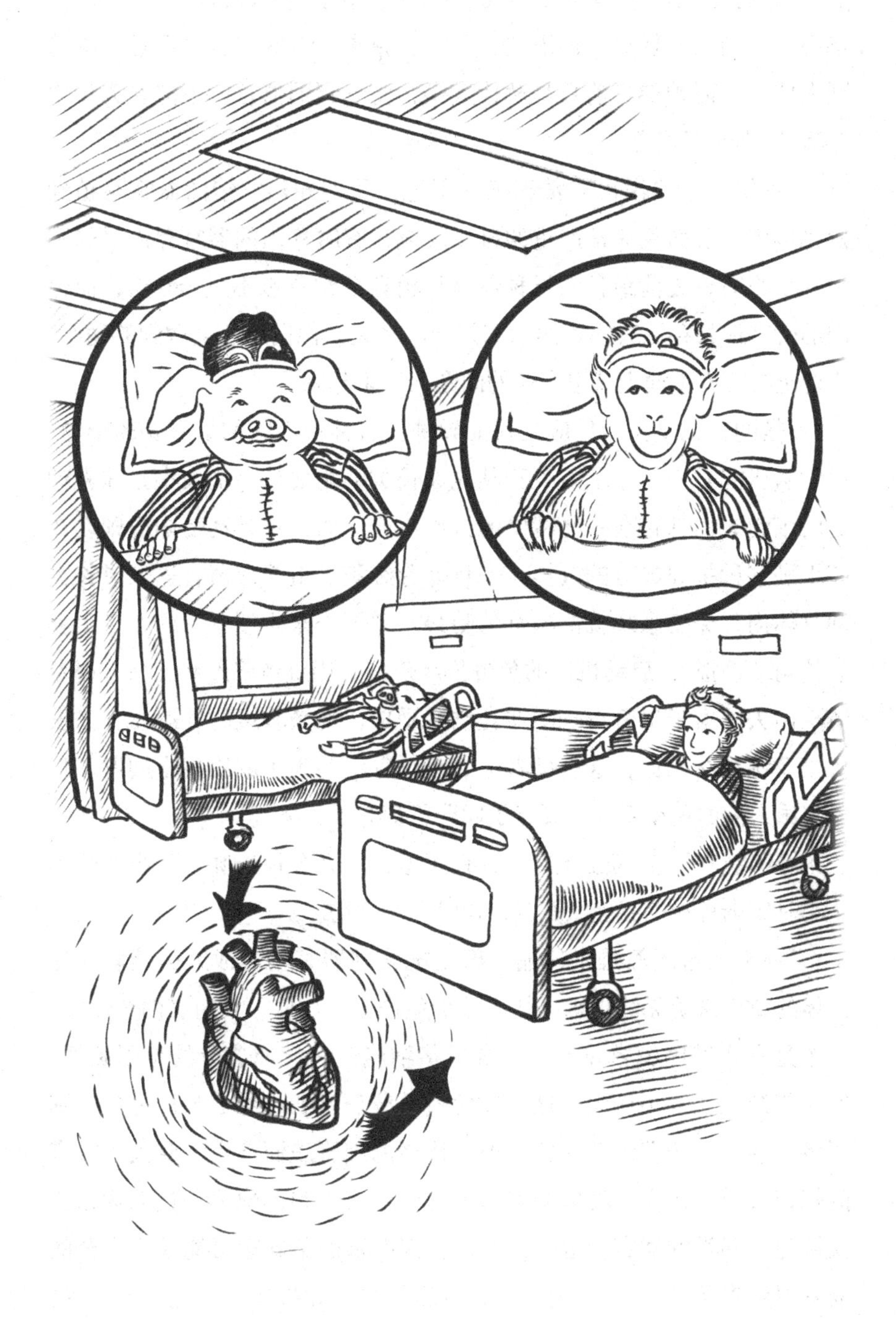

“这有点儿像中国神话小说《西游记》，让猪八戒这个‘二师兄’将心脏移植给‘猴哥’孙悟空，呵呵。原来，猪的器官最后是要移植到人体内，而狒狒目前只是替代人类，验证猪的器官能不能在人体内存活。”小迪回答道。

“不错，小迪说得非常正确。不过，我们知道，猪的器官移植到狒狒体内，会面临非常严重的排斥反应，有时移植的器官存活时间不到一个小时，之前最长的异种器官移植存活纪录也不过 180 天，而你们的研究最长存活时间竟然达到了 900 多天，你们是怎么做到的呢？”唐博士与莫希丁博士就更专业的问题探讨了起来。

“是的，免疫排斥反应是目前异种器官移植面临的最主要的难题。科学家研究发现，除了人类和其他灵长类动物之外，绝大多数哺乳动物的细胞表面都存在一些特殊的抗原成分。而灵长类动物体内则存在能识别这种抗原成分的抗体，一旦外源细胞、组织或器官进入灵长类动物体内，免疫系统就像军营的哨兵发现了外来入侵者一样，马上就会拉响‘警报’，启动机体的免疫排斥反应，用抗体将那些外来入侵者清除出去。由于患者自身的器官已经受损，前来救援的外源器官又被免疫系统挡在外面，这些患者势必难以存活。为了解决这个问题，科学家跟人体的免疫系统‘耍起了聪明，捉起了迷藏’。”

“跟免疫系统‘捉迷藏’，真有意思，怎么个捉法呢？”小迪听到她小时候最喜欢的捉迷藏游戏，顿时兴趣大增。

“呵呵，这当然是个比喻，就是把猪的器官伪装成人类器官，让人体的免疫系统无法识别，从而减少免疫排斥反应。目前有两个途径，一个是利用基因编辑技术，将合成猪细胞表面抗原成分的基因破坏，使得猪细胞表面不产生能被人体免疫系统识别的抗原成分；另一个则要将一些人体的基因转入猪体内，让猪的细胞表面产生一些人体特有的标记成分，相当于将猪的器官人源化，人体和其他灵长类动物则会误认为是同类的器官。这样，经过基因改造的猪就有可能成为安全的器官提供者了。”莫希丁博士尽量说得简单，如果要讲得更深入一些，可能需要一上午才能讲明白。

“原来是欺骗免疫系统呀，不过免疫系统会上当吗？”小迪将信将疑。

“当然，这个伪装过程很不容易，科学家绞尽脑汁十几年，还是没有得到特别令人满意的结果。比如，2000年，英国研究人员将人源化转基因猪的肾脏移植到食蟹猴体内，移植物存活时间最长可达139天；2005年，美国科学家将另一种人源化转基因猪的心脏移植到狒狒体内，结果移植物的最长存活时间达到109天。与此同时，美国科学家还培育出基因敲除猪，将负责合成猪细胞表面抗原成分的基因破坏，并将其肾脏或心脏移植到狒狒体内，最长存活时间分别达到83天和179天。不过，在之后的十几年里，异种器官移植的存活时间并没有显著改观，导致异种器官移植研究一度陷入困境。很多科学家和投资者对这一研究领域产生了怀疑，好在还有一些科学家，包括我们，并没有放弃。”莫希丁博士列举了一些异种器官移植研究的标志性成果。

“异种器官移植后存活时间短，表明这些基因工程猪的器官还没有完全解决免疫排斥反应问题，那你们是怎么改进的呢？”唐博士知道异种器官移植研究难度非常大，可能需要更多的科学家不断加以改进。

“我们首先培育了一种新的基因工程猪，既将猪的特异抗原相关基因敲除，又将一些人体蛋白的基因转入猪体内，这种猪的器官更接近人类，然后将这些猪的心脏移植到狒狒的体内，并注射多种抗免疫排斥药物，这样就可以观察到猪的心脏在狒狒体内能存活的时间。在移植的5只狒狒中，猪的心脏平均存活时间约为300天，其中有一只存活时间达到900多天，这是迄今异种器官移植存活时间最长的一个例子。这项研究主要为了研究异种器官排斥反应的机制和抗排斥药物的功效，因此，我们并没有取出狒狒自身的心脏。不过你们今天看到的移植手术，则是用猪的心脏完全替代狒狒自身的心脏，看看狒狒仅依靠猪的心脏能活多长时间。”莫希丁博士介绍道。

“希望能尽快取得好的试验结果，让猪的器官可以拯救那些等待器官移植的患者们。”听完莫希丁博士的介绍，小迪有些感慨地说道。

“呵呵，小迪这个愿望很好，但是，猪的器官离真正的临床应用还有较远距离。不同物种间的免疫排斥反应仍然是科学家必须继续攻克的难关，其实类似的研究还有很多科学家在做。美国《细胞》杂志曾经发表过一篇关于人猪嵌合胚胎方面的研究论文。据报道，美国索尔克生物研究所的科学家计划利用人的多能干细胞在猪身上培育出含有人类细胞的器官，这有望彻底解决异种器官的免疫排斥反应问题。”莫希丁博士知道异种器官移植任重道远，还有很多难关需要攻克。

第十七章

猪身长着人器官

异种器官移植最大的障碍是免疫排斥反应。如果能从那些需要器官移植的患者身上采集皮肤细胞，培育出多能干细胞，将这些多能干细胞注入猪的胚胎，形成人猪嵌合胚胎，然后在体内进一步发育成含有功能性人类细胞或组织的嵌合器官，最后将这些嵌合器官移植到患者体内，或许是减轻或消除免疫排斥反应的有效途径。

“什么？猪身上竟然能长出人体器官？这太不可思议了！”听到莫希丁博士的介绍，小迪非常惊讶。

“是的，不过当然不是完全的人类器官，它只是含有一部分人类细胞，可以减少或消除异种器官移植时的免疫排斥反应。利用人类的多能干细胞在动物体内培养出含有一些人类细胞的嵌合器官，用于异种器官移植，是解决免疫排斥反应难题的最新研究方向。目前，美国和日本都在开展类似的研究，你们可以去美国索尔克生物研究所看看，他们在这方面做得非常超前，好像主要研究人员中还有一位来自中国的博士。”

听了莫希丁博士的介绍，唐博士知道下一站要去哪儿了。虽然这是非常早期的原创性研究成果，但是未来很有可能成为重要的研究方向，“神奇动物世界”主题公园理所当然地应该将其纳入考虑范围。

美国索尔克生物研究所位于加利福尼亚州圣地亚哥市，于1960年由著名的口服脊髓灰质炎疫苗开发者乔纳斯·索尔克医生创立，主要聚焦于衰老和再生医学、免疫系统生物学等研究领域，目前已发展成为世界知名的生物医学研究机构。

很快，唐博士与美国索尔克生物研究所的卡洛斯教授取得了联系，卡洛斯教授欣然同意唐博士的来访。于是，唐博士一家乘飞机前往圣地亚哥市，来到了位于圣地亚哥市拉霍亚街区的索尔克生物研究所。

卡洛斯特教授和一个亚裔年轻人一起接待了唐博士一家。教授指着年轻人为大家介绍道：“这是吴军博士，他是人猪嵌合胚胎的主要研究人员，也来自中国。”

“吴军叔叔，您好！我是小迪，您研究的人猪嵌合胚胎长大后会不会变成猪八戒呀？”小迪在路上思考了很多问题，见到卡洛斯教授和吴军博士，迫不及待地抛出了第一个问题。

“哈哈，这真是一个有趣的问题。我们培育的人猪嵌合胚胎长大后，只会在某些特殊器官中含有一部分人类的细胞，我们希望它能像猪八戒一样，有一些特别本领，那就是为需要器官移植的患者提供安全的人源器官，让患者在新器官帮助下健康生活，不再遭受免疫排斥带来的痛苦。”吴博士回答道。

“原来也是为了开展异种器官移植研究呀，这跟基因工程猪有什么区别呢？”小迪听到器官移植，马上联想到前几天刚刚看到的基因工程猪。

“是的，基因工程猪和人猪嵌合胚胎研究的目的都是用于异种器官移植，也都是为了消除免疫排斥反应。不过，两者还是有很大区别的。基因工程猪主要是删除一些猪的特异基因，或者转入一些人的基因，使猪的细胞具有与人类细胞相近的特性，让人体的免疫系统无法辨别；而人猪嵌合胚胎，则是将人类的多能干细胞注射到猪的早期胚胎中，通过一些药物的控制，人多能干细胞会在猪的胚胎中定向发育成嵌合器官，也就是说，这些嵌合器官既含有猪的细胞，也含有一些人类细胞，我们希望它们也能躲过人体免疫系统的种种关卡。”吴博士认真地解释道。

“为什么这种嵌合器官能躲过人体免疫系统的严密检查呢？”小迪问道。

“这正是多能干细胞的神奇之处。这些多能干细胞是利用患者的体细胞，如皮肤细胞，转入一些基因，并加入一些药物诱导而形成的。它们能像人类的原始胚胎细胞一样，发育成人体的各种组织器官，包括心脏、肺脏、肝脏、肾脏、胰脏等。当我们将人类的多能干细胞注射到猪的胚胎中后，人类干细胞可以与猪的原始胚胎细胞一起生长发育，形成不同的嵌合器官。这些器官就会含有患者自身的细胞。当将这种嵌合器官移植回患者体内后，患者的免疫系统马上会对外来的器官进行大搜查，如果发现嵌合器官含有自己的细胞，则会将其看成‘自己人’，不再对它们发动攻击。”吴博士一边讲解，一边打开电脑，向大家展示一张示意图，示意图形象地展现出人猪嵌合胚胎的技术路线。

“原来人猪嵌合胚胎相当于为患者定制器官呀！”小迪似乎听明白了。

“小迪，你总结得非常好，我们研究的最终目标正是根据患者的需要，定制生产属于患者自己的新器官，只要技术成熟，就可在半年内培育出这种器官，这样可解决患者等待器官时间过长的问题。”卡洛斯教授作为项目负责人，为大家描绘着这项技术的应用前景。“不过，这项技术在应用之前，还有很多工作要做，我们目前只是做了一些前期的探索。”

“是的，我们将人的多能干细胞注射到猪的胚胎后，再放回到母猪的体内，让它继续发育。不过 3 ～ 4 个星期之后，我们又将这种人猪嵌合胚胎从母猪体内取出，一方面，需要检测这种胚胎中是否含有人类的细胞，结果发现了一万个猪细胞中约有一个人类细胞，虽然人猪嵌合胚胎中的人类细胞非常少，但这是世界上首次在猪的胚胎中出现活的人类细胞；另一方面，由于技术尚不成熟，社会上很多人对这项技术也非常担心，因此为了避免不必要的伦理争议，我们主动提前终止了嵌合胚胎在母猪体内的发育。”吴博士补充道。

“看来的确是非常前期的研究，是否能培育出人猪嵌合器官，还需要很多实验加以验证，距离真正的临床应用则需要更长时间。”唐博士知道科学创新并非易事，但只要思路是正确的，经过不懈努力，最终一定能将科学家的梦想变成现实。

“我们计划继续开展这方面的研究，也欢迎世界各国，当然包括中国的科学家加入其中。我们相信这一研究方向具有巨大的应用前景。只要大家一起努力，将会极大地加快推进该技术的临床应用。”卡洛斯教授很有信心地说道，“其实，我们和日本科学家分别开展了类似的研究，证明了小鼠和大鼠的嵌合胚胎可以发育出嵌合器官，移植后也能

发挥正常的生理功能。小鼠和大鼠都是啮齿目动物，但是属于不同的物种，因此小鼠和大鼠嵌合胚胎研究成果也坚定了我们对人猪嵌合胚胎研究的信心。”

“不过，小鼠和大鼠嵌合胚胎比人猪嵌合胚胎的研究更复杂一些，我们首先利用基因编辑技术，破坏小鼠胚胎中控制胰脏、心脏和眼睛等器官发育的关键基因，导致小鼠胚胎中的这些器官无法正常发育，小鼠胚胎也因此无法存活。但当我们将大鼠的多能干细胞注入这些小鼠胚胎中时，构建的小鼠与大鼠嵌合胚胎却能在小鼠子宫内正常发育。这些嵌合小鼠出生后能健康生活两年以上，相当于人类寿命的 60 岁左右。更令人惊喜的是，尽管控制小鼠胰脏和眼睛等器官发育的基因被破坏，这些嵌合小鼠在大鼠多能干细胞的帮助下，成功发育出新的嵌合胰脏和眼睛等器官，并能在小鼠体内发挥正常生理功能。”吴博士详细地介绍起自己的研究。

“吴博士，你提到日本科学家也开展了类似的研究，他们的研究与你们的有什么区别呢？”唐博士问道。

“有意思的是，我们是将大鼠的多能干细胞移植到小鼠的胚胎中。而日本科学家则是将小鼠的多能干细胞注射到大鼠的胚胎中。同样，在注射多能干细胞之前，也是将控制大鼠胰脏发育的关键基因敲除，这些嵌合胚胎也可以在大鼠体内正常发育，新生大鼠还长出含有小鼠细胞的嵌合胰脏，大小与大鼠胰脏差不多。接下来，他们还从这种嵌合胰脏中分离出能正常分泌胰岛素的胰岛组织，并移植到患糖尿病的小鼠体内，成功控制了小鼠的血糖水平，一年后小鼠的血糖值依然维持在正常水平。”吴博士对日本同行的研究也如数家珍。

“哇，大鼠的胰岛细胞能治疗小鼠的糖尿病，真是太神奇了。”小迪听到这么多的创新研究，越来越感受到生命科学研究的无穷魅力。

“从我们研究小组和日本研究小组的研究来看，在猪的胚胎中注入人类的多能干细胞，培育出含有人类细胞的嵌合器官的可能性非常大。我们也将在猪身上开展类似的研究，以进一步确认利用猪的身体生产可供移植人类嵌合器官的可行性。”卡洛斯教授总结道。

“谢谢卡洛斯教授和吴军博士的介绍！希望你们的研究早日成功，也希望将来我们能有机会合作。”听完吴军博士的详细介绍，唐博士决定将这项研究也纳入“神奇动物世界”主题公园里。

“当然，我们也非常期待这种合作。不过，需要提醒的是，无论是人源化基因工程猪，还是人猪嵌合胚胎，均面临同一个问题，就是很多人有一种担心。”卡洛斯教授补充道。

“大家担心什么呢？难道跟我的担心一样，这些移植猪器官的患者最后会变成猪八戒？”小迪好奇地问。

“哈哈，当然不会变成猪八戒。”小迪的话把卡洛斯教授逗乐了，“大家担心的是另外一件事。科学家发现，猪基因组中含有一些内源逆转录病毒基因，有人担心这些内源逆转录病毒基因有可能会在异种移植过程中被激活，并转移到人类基因组中，导致人类感染一些未知的传染性疾病。”

第十八章
全歼远古病毒

除了免疫排斥反应，异种器官移植研究还面临另一大障碍，即猪基因组中存在内源逆转录病毒基因，这是远古病毒感染猪的祖先遗留下来的。人们担心，将猪的组织器官移植到人体内后，这些猪内源逆转录病毒基因有可能跳跃到人类基因组中，并导致人类患上未知的疾病。只有将这些内源逆转录病毒基因敲除，才能彻底打消人们的这种疑虑。

“猪的基因组里为什么会有病毒基因呢？”小迪不解地问道。

“这些猪的内源逆转录病毒基因都是一些远古病毒在数千万年前，在感染猪的祖先时残留在猪的基因组中的。当远古病毒感染猪的祖先时，会将病毒基因插入猪祖先的基因组中，以便利用猪细胞复制系统来复制新的病毒，扩充病毒队伍，这样容易造成一些宿主发病而死亡。但有一些幸存者慢慢接受了这些逆转录病毒基因，并将其作为自己的基因，一代代遗传了下来，最终变成猪基因组中不可分割的部分。”卡洛斯教授介绍道。

“除了猪，几乎所有哺乳动物，甚至是人类的基因组中，都存在类似的内源逆转录病毒基因。”唐博士补充道。

“啊，我们自己身上也有这种逆转录病毒基因呀，那岂不是随时都有感染病毒的危险？”小迪很担心，觉得自己天天带着病毒基因在身上，哪天这些远古病毒的“残余势力”造反可怎么办？

“你也不用担心，这些病毒基因同样是远古病毒感染人类祖先后遗留下来的。科学家发现，人类基因组中约含有 8% 的远古逆转录病毒基因，这些逆转录病毒基因不但没有致病性，而且对人类的进化有很大的帮助，如胎盘的形成，甚至可能因为这些远古逆转录病毒基因的加入，人类变得更聪明。”唐博士连忙解释。

“病毒感染竟然还能让人类变得更聪明？”小迪觉得不可思议。

“是的，瑞典隆德大学的科学家研究发现，人类祖先感染这种病毒后，病毒的基因令人类的脑细胞日趋活跃，可使得人类在进化中变得更聪明。”唐博士回答道。

“不过，也有一些科学家认为，这些远古病毒基因可能存在被激活的风险，他们将猪的细胞与人类细胞放在一起，结果发现非常少量的猪内源逆转录病毒基因跳到了人类细胞中，而且当猪胰岛细胞被移植到小鼠体内时，可观察到猪内源逆转录病毒基因向小鼠细胞转移的现象。虽然至今还没有观察到动物内源逆转录病毒基因转移到人类身上并导致人类感染生病的案例。但是对于异种器官移植，有些科学家还是认为，唯一安全的方法就是将猪所有内源逆转录病毒基因全部破坏，使其无法感染其他物种，之前，有很多科学家尝试这么做，但效果都不好，只有哈佛大学医学院的乔治·丘奇教授的研究团队做到了。”卡洛斯教授对这一领域的研究动向非常关注。

“丘奇教授团队是怎么做到的呢？”小迪问道。

“从他们发表在《科学》上的论文来看，丘奇教授团队利用最新的基因编辑技术，破坏了猪细胞内的所有内源逆转录病毒基因，从而大幅降低了其感染人类的风险。丘奇教授团队的这项研究也被认为是异种器官移植研究领域新的里程碑。”卡洛斯教授简要地说道。

“的确是这样，如果缺乏有效的防范措施，不能消除人们的担心，将很难获准开展异种器官移植临床应用。”唐博士接过话题。

“你们可以去哈佛大学医学院拜访丘奇教授，可能对你们的‘神奇动物世界’主题公园有所帮助。”卡洛斯教授建议道。

“这真是一个好主意。谢谢卡洛斯教授的建议！我们近日将前往哈佛大学医学院拜访丘奇教授。”唐博士很高兴地确定了下一站的行程。

“那太好了，我早听说过哈佛大学医学院的名号，那可是世界上最有名的医学院之一。”小迪高兴地叫了起来。

哈佛大学医学院是哈佛大学的一所研究生医学院，位于马萨诸塞州波士顿市的长木医学区。该学院成立于 1782 年，也是继宾夕法尼亚大学医学院与哥伦比亚大学医学院之后，美国历史最为悠久的医学院之一。该学院拥有近 70 位美国科学院院士，14 位诺贝尔生理学或医学奖获得者，还包括 1 位诺贝尔和平奖得主。

唐博士联系到哈佛大学医学院遗传系的丘奇教授，教授很爽快地接受了唐博士的请求，随时欢迎他们的造访。

唐博士一家收拾好行李，登上了前往波士顿的航班。经过长途飞行，小迪发现自己又回到了波士顿机场，爸爸叫来了出租车，一家人很快来到丘奇教授的实验室。

小迪看到丘奇教授，发现他是个长满浓密灰白络腮胡、和蔼可亲的老人，乍看有点儿像圣诞老人。

丘奇教授很热情地和大家一一握手，说道："唐博士，欢迎你们的到来！我对你们的'神奇动物世界'主题公园项目非常感兴趣，如果能把世界上所有有趣的高科技动物都集中在一起，绝对是一个很酷的主意。"

"丘奇教授，很高兴您对'神奇动物世界'主题公园感兴趣，你在生物科技领域取得了很多重大原创性成果，我相信这些成果也会对'神奇动物世界'主题公园的建设大有帮助。"唐博士回答道。

"丘奇教授，您好！我叫小迪，听说你们培育了一种基因编辑小猪，它们与其他小猪有什么区别呢？"小迪忍不住问了起来。

"小迪，你好！你也知道我们有基因编辑小猪呢！其实，这些小猪的外表跟普通小猪没有什么区别的。不过它们有一个看不见的区别，就是它们基因组里的 62 个内源逆转录病毒基因均被破坏了，也不再具有感染其他动物或人类的风险。"丘奇教授认真地回答道。

"62 个病毒基因？听说基因编辑技术破坏少数几个基因很容易，将这么多基因同时破坏，难度很大吧？"小迪追问道。

"是的，我们检测到猪基因组中内源逆转录病毒基因总共含有 62 个拷贝，也就是 62 个完全相同的病毒基因，这些基因拷贝隐藏在猪基因组中的不同位置。如果要开展猪的异种器官移植临床应用，就必须将这些相同的病毒基因全部删除，但同时删除几十个基因，之前还没有科学家成功过。"丘奇教授回答道。

"那你们是怎么做到的呢？"唐博士接着问道。

"我们用到了最新的基因编辑技术，叫 CRISPR/Cas9，因为能高

PERV
PERV
PERV
PERV

效地对几乎任何目标基因进行精准地剪切和修饰，它又被称为‘基因魔剪’。这一基因编辑系统包括一段向导 RNA，负责寻找和结合目标基因，还有一个核酸内切酶 Cas9，负责剪切和修饰目标基因，完成基因编辑。通过分析猪的内源逆转录病毒基因序列，我们发现，这些病毒基因中有一段 DNA，对于这些病毒的复制和感染非常关键，一旦缺失这段 DNA，这些病毒不再具有感染其他生物体的能力，我们把这段 DNA 称为‘博尔基因’。我们根据博尔基因的序列，设计了一段正好能特异结合它们的向导 RNA，用于定位这些博尔基因。同时，我们再让这些向导 RNA 携带一把‘剪刀’，正是核酸内切酶 Cas9。这种‘剪刀’可以在向导 RNA 的指引下，到达指定区域，剪切掉那些博尔基因，相当于解除了猪内源逆转录病毒的武装，让它们只能老老实实待在猪身上。当猪器官被移植到人体内后，这些猪的内源逆转录病毒不至于跳到人身上去。”丘奇教授尽量用比较通俗的话来解释基因编辑工具的工作过程。

“这种设计真是很奇妙。”小迪听得很入迷，不禁感叹道。

“不过刚开始时，基因敲除的效果并不理想，主要问题是如何将向导 RNA 和 Cas9 等基因编辑工具‘投递’到目标位置。比如说，有 62 个完全相同的小迪，分布在世界各地，现在需要给她们送信，原来的‘快递员’活动范围很小，只能将信送到附近的几个小迪手上。之后，我们找到了一种活动范围比较广的‘国际快递员’——转座子载体，而且让它们长时间反复投递，终于将信件送到了每一位小迪手上。也就是说，转座子载体能找到猪内源逆转录病毒基因的全部62个拷贝，接下来基因剪刀 Cas9 就会将其中的博尔基因剪除。当然，这种基因编辑只是让博尔基因序列出现部分缺失，让病毒无法进行复制和感染，对其他基因没有影响。”丘奇教授形象地说道。

“呵呵，竟然还需要快递员，真有趣。”小迪觉得越听越有意思，尤其对丘奇教授关于“快递员”的比喻印象深刻。

“接下来，我们将这些基因敲除猪细胞和一些普通的猪细胞分别与人类细胞放在一起培养，看看这些被破坏的猪的内源逆转录病毒基因能否感染人类细胞。结果，我们在与普通猪细胞放在一起的1000个人类细胞中，检测到共有约1000个猪内源逆转录病毒基因。但是，在与基因敲除猪细胞放在一起的人类细胞中，却检测不到这种病毒基因，这表明基因敲除效果非常好，基本让猪内源逆转录病毒基因丧失感染能力。”丘奇教授继续说道。

说完，丘奇教授开车带大家到附近的一个小型养猪场参观，大家消毒更衣之后进入其中。养猪场非常洁净，也没有什么异味。一群可爱的小花猪正在一起无忧无虑地嬉戏玩闹，看到小迪他们的到来，纷纷跑过来，仰头对大家低声叫唤。

“这些可爱的小猪果真跟普通小猪没有什么区别。”小迪兴奋地说。

“是的，截至目前，这些基因编辑小猪都非常健康。我们下一步计划在这些内源逆转录病毒基因失活的基因编辑小猪基础上，培育出可供人类器官移植的基因编辑猪。未来，我们还计划与中国等国家的科学家加强合作，共同推动猪异种器官移植研究和应用。”丘奇教授宣布。

“太好了，希望我们将来能有机会合作。同时，感谢您如此精彩的讲解，这项研究非常有意义。当内源逆转录病毒基因全部被消除后，不再具有感染人类的风险，这就消除了异种器官移植的一大障碍。此前陷入停滞状态的异种器官移植研究又重新开始了，真是令人兴奋。”唐博士总结道。

“谢谢！不能说一项研究就能让异种器官移植研究重新开始。不过，异种器官移植研究还有很多的技术难关有待攻克，需要更多的医生、遗传学家及政府管理人员的共同努力，甚至也需要公众对这些前沿技术的理解和支持。”丘奇教授感慨地说。

“听说丘奇教授对复活猛犸象也非常有研究，这也是非常有趣的研究领域，孩子们一定会喜欢。”唐博士在与丘奇教授见面之前，就认真查看了网上关于教授的介绍，得知丘奇教授兴趣广泛，科研领域涉猎很广，包括发现了专以抗生素为食的超级土壤微生物——“超级臭虫”，发起了人类脑活动图谱计划和个人基因组计划，甚至还计划复活猛犸象。

第十九章

复活猛犸象

复活猛犸象一直是科学家的梦想，孩子们对此也翘首以盼。体细胞克隆技术的日益成熟，以及不断挖掘出土的猛犸象遗骸，为科学家复活猛犸象带来了希望。科学家从猛犸象遗骸中寻找猛犸象的完整遗传信息，或者将亚洲象细胞改造成具有猛犸象的遗传特性，再通过体细胞克隆技术，有望将这种史前巨兽带回来。

“教授，您竟然要复活猛犸象，真是太棒了！我最喜欢猛犸象、恐龙这些大家伙，每次去博物馆，我都会先去看它们。可惜博物馆里的猛犸象只是模型，如果能在‘神奇动物世界’主题公园见到活的猛犸象，那简直太酷了！”小迪不禁欢呼起来。

“是的，我们正在开展复活猛犸象的研究。不过，并非真正的猛犸象，而是计划培育具有一些猛犸象特性的杂交象。”丘奇教授回答道。

“为什么不能复活真正的猛犸象呢？”小迪觉得只是重现猛犸象的一些特性，不太过瘾。

“复活整个猛犸象非常困难，不过，日本、韩国科学家正在尝试进行完整猛犸象的克隆研究。”丘奇教授诚实地说。

“幸好还有科学家在开展复活猛犸象的研究，是用克隆技术吗？这个我知道，我们参观过多利的诞生地，也拜访过克隆羊项目的负责人维尔莫特教授，多利就是克隆技术创造出来的。研究人员取出一只白面母绵羊的皮肤细胞核，移入去核的黑面绵羊卵母细胞中，制作成克隆胚胎，然后移植到另一只母羊的体内让克隆胚胎长大，最后就生下了世界上第一只克隆绵羊多利。难道复活猛犸象也将采用这种方法吗？”小迪将之前学到的知识展现了出来。

“你说得很对！这些科学家正是要用体细胞克隆技术复活猛犸象。与多利诞生的技术路线基本相同，第一步先要从猛犸象的遗骸中找到保存完整的组织或细胞。”丘奇教授对小迪的理解能力表示赞赏。

“猛犸象都死了几千年了，它们的细胞还能复活吗？”小迪非常好奇。

“这也是科学家担心的问题。不过，中国、日本和韩国的科学家，也包括我们，决定试一试运气。最近，考古学家在俄罗斯寒冷的西伯利亚地区发现了很多猛犸象遗骸，因为西伯利亚地区大部分区存在永冻层，就像天然的冷冻冰箱，可以将猛犸象的尸体完好保存。不久前，考古学家在西伯利亚地区发现了一头雌性猛犸幼象的遗骸，已经被冰封了近 4000 年，被挖掘出来时，它的四肢完整，带有毛发，而且大脑组织竟然也保存得比较完整。各国的科学家都跑到俄罗斯，采集这头猛犸幼象的组织，然后带到各自的实验室，看能否找到猛犸象的细胞或基因组遗传信息。”丘奇教授讲解得非常详细，仿佛亲身经历一样。

“原来是从猛犸象的尸体中提取细胞呀，听起来有点儿吓人。大家后来都找到猛犸象的细胞了吗？”小迪追问道。

“我注意到，有科学家声称，已从猛犸象遗骸中获得了完整的细胞核，并培养出猛犸象的胚胎细胞。只要有合适的代孕母象，就能复活猛犸象了。”唐博士回答道。

“是的，我也看到了这个报道，只是由于没有公布具体的研究细节，我们无法进行判断。其他国家的研究人员也没有公布最新的研究成果。就让我们拭目以待。不过，即使找到了猛犸象的活细胞，复活猛犸象还有一个很大的难题。”丘奇教授接着说。

“难道是克隆猛犸象的代孕问题？”唐博士猜想道。

“的确是这样，多利的体细胞、卵母细胞和代孕母羊都是绵羊，属于同一个物种中的不同品种。但猛犸象已至少灭绝 4000 年，除了它们的遗传物质有可能保存之外，它们的卵母细胞几乎不可能保存下来，更没有活的猛犸象能作为代孕母体。不过，科学家希望用与猛犸象亲缘关系比较接近的亚洲象代替，用亚洲象作为代孕母体，来孕育猛犸象宝宝。”丘奇教授接着说。

“可是，亚洲象能代替猛犸象母体来孕育猛犸象吗？”小迪将信将疑。

“科学家也不敢肯定，只能试试。因为亚洲象是猛犸象的近亲，这两个物种的祖先大约是在 500 万年前分开的，它们 95% 的基因组都是一样的，就像人类和黑猩猩的关系。之前，韩国科学家将美洲郊狼的

体细胞核移植到狗的卵母细胞中，获得克隆胚胎，并用母狗作为代孕母体，成功克隆出了 8 只美洲郊狼，说明不同物种间的克隆是有可能实现的。”

“原来，不同物种的细胞也能组合在一起。那幸亏还有亚洲象可以帮忙。”小迪吁了一口气。

“不过，让亚洲象帮忙，也有不少困难。由于象牙制品交易泛滥，很多野生亚洲象被无情地猎杀，亚洲象的数量也在急剧下降，可作为代孕母体的亚洲象数量少之又少。而且，亚洲象的繁殖能力也不强，一头母象 5 年内只能怀孕一次。如果用克隆技术复活猛犸象，可能需要数十头甚至上百头亚洲象，才能生下几头健康的克隆猛犸象。这样，能否成功克隆出猛犸象还是一个未知数，但是一定会给亚洲象种群保护带来威胁。”丘奇教授说道。

“难道复活猛犸象就没有希望了？”小迪有些失望。

“还是有希望的，如果用人造子宫孕育克隆宝宝，也许能解决代孕母体数量不足的问题。我们课题组就计划用人造子宫来复活猛犸象。目前，我们已建造了一个小型的人造子宫装置，来模仿小鼠妈妈子宫的环境，可以让小鼠胚胎在其中发育 10 天左右，差不多是整个小鼠怀孕期的一半。不过，这个装置还有一些技术环节需要完善，等完善好了，就可以真正孕育出健康的小鼠宝宝了。到时我们再将其放大，让这种装置可以装得下猛犸象宝宝，要知道，猛犸象宝宝在90千克左右，比犊牛还要大一倍，我们希望用这种人造子宫能生下一些健康的克隆猛犸象宝宝。”丘奇教授先用两只手掌合拢表示小鼠人造子宫，然后张开双臂做怀抱状，向大家展示猛犸象人造子宫的大小。

“我希望您早点完善这种人造子宫，这样就能早点见到猛犸象宝宝了，不过您说培育出的不是真正的猛犸象，那是什么呢？”小迪问道。

“我们认真分析了其他科学家有关克隆猛犸象的研究思路，发现实施难度都比较大，甚至可能永远也无法复活猛犸象。于是，我们决定采取一些完全不同的研究思路。除了采用人造子宫之外，我们计划用基因编辑技术，将一些控制猛犸象适应寒冷气候遗传特性的基因，转入亚洲象的基因组中，制备成混合有猛犸象和亚洲象基因的杂交细胞。之后，同样采用克隆技术，即将杂交细胞核移入亚洲象的卵母细胞中，培育出克隆杂交胚胎，然后将克隆杂交胚胎移植到人造子宫中孕育，希望能创造出带有猛犸象抗寒冷特性的杂交象。”丘奇教授解释道。

“杂交象？听起来也很复杂呀？”小迪觉得这些科学家的想法都有点儿高深。

“相比日本、韩国等国科学家的研究，我们的方法可能更容易实现。首先，我们将亚洲象的关键基因位点改造成与猛犸象一样，目前我们已经掌握了一些猛犸象遗传特性的关键基因，如皮下脂肪、小耳朵、浓密长毛、抗冻血红蛋白等。通过基因编辑技术，可以将亚洲象的对应基因改造得跟猛犸象的一模一样，这在技术上已没有什么难度。我们原先计划只改造亚洲象的 15 个基因位点，后来发现这远远不够，目前已经改造了 45 个基因位点，可能还需要进一步改造更多的基因位点，使得将来出生的杂交象更像猛犸象一些。我们也可以采取循序渐进的方法，就是先培育出一些少量特征与猛犸象相似的杂交象，成功后，再提升基因编辑位点的数量，培育出更多遗传特性与猛犸象匹配的杂交象。”丘奇教授对此很有信心。

“我听明白了，您通过基因编辑技术，只是改造亚洲象的部分基因序列，所以难度要比找到猛犸象的完整基因组小得多，也更可行。”小迪补充道。

“是的，其次，我们采用的体细胞与卵母细胞均是亚洲象的，它们融合成克隆胚胎也要容易一些，因为猛犸象与亚洲象虽然是近亲，但是它们之间还是有不小的差别的。比如说，猛犸象的染色体数量是 58 条，而亚洲象只有 56 条，属于两个不同的物种。如果将猛犸象的细胞核与亚洲象的卵母细胞两者融合在一起，可能会产生严重的免疫反应，导致克隆胚胎难以存活。即使获得了克隆胚胎，移植到代孕亚洲象体内，也容易出现流产。”丘奇教授继续解释道，“最后，我们采用的人造子宫也相对容易一些。当然，这有待于人造子宫装置的进一步完善。我们正在加紧这方面的研究工作，希望在未来几年能攻克其中的难关。”

“猛犸象的复活真是太不容易了，需要攻克一个又一个的难关。”小迪感慨地说。

“的确是这样，做科学研究就是把不可能变成可能，一旦取得具有创造性的研究成果，那种满足感是任何事情都无法比拟的，这也是我醉心科研的原因所在。欢迎小迪也加入生命科学研究队伍，创造出更多的高科技动物。”丘奇教授微笑着说道。

“好呀，我对生命科学研究越来越有兴趣了！我发现您从事的科研项目，不仅很有趣，而且非常有意义，我一定会向你们学习，立志当一名出色的生物学家。”小迪非常高兴自己找到了今后努力的方向。

第二十章

日本家蚕变身“蜘蛛侠”

蜘蛛丝是世界上最坚韧的天然纤维。100多年来，人们一直想利用蜘蛛丝开发出国防、医疗、航空等领域的优质材料。但是，蜘蛛在自然条件下并不能被大规模饲养，而且产丝量极低。科学家发现，同为“吐丝专家”的家蚕非常适合用来大规模生产蜘蛛丝。于是，日本科学家培育出了一种转基因家蚕，并将转基因家蚕所产的含蜘蛛牵丝蛋白的蚕丝织成衣物，迈出了蜘蛛丝应用的第一步。

快乐的时光总是过得飞快，小迪和爸爸妈妈已经在欧美多国旅行近一个月，转眼暑假就要结束了。

“爸爸，这次旅行我的收获真不小呀！认识了许多有着奇思妙想的科学家，看到了这么多神奇而有趣的动物，我也学到许多新知识。”小迪高兴地说。

“是的，这次旅行一方面是为了考察各种神奇的动物，另一方面是为了与世界各地的科学家建立联系和合作。我们的‘神奇动物世界’主题公园既需要这些神奇动物，也需要这些科学家的帮助。与此同时，让你见识一下世界各地的神奇动物，培养科学兴趣，不管将来从事什么工作，你一定要有不畏困难、勇于创新的科学精神。”爸爸意味深长地回应道。

“爸爸，我记住了。”小迪点点头。

“好啦，我们明天就准备回国了，还有很多神奇的动物等着我们呢。美国不愧是当今世界生命科学研究的中心，这里的科学家创造出很多凝聚人类智慧又非常有意思的神奇动物。由于时间关系，我们参观的只是其中一部分，很多神奇动物还没能见识到，如想当蜘蛛侠的山羊等。不过，中国、日本等亚洲国家正在成为未来的生命科学研究中心，也正在创造出更多为人类服务的神奇动物。因此，我们在回国前，顺道去日本国立农业生物研究所看看，那里有一种想当蜘蛛侠的蚕宝宝，很有意思。”

“蚕宝宝怎么当蜘蛛侠呢？”

“小迪，先问你一个问题，我们看过《蜘蛛侠》系列电影，你知道电影里的主人公彼得·帕克为什么被称为蜘蛛侠吗？”

“我知道呀，第一部《蜘蛛侠》影片中就有介绍，高中生帕克被基因变异的蜘蛛咬了一口，后来竟然能吐出蜘蛛丝，而且变得力量超凡、身手敏捷。凭借蜘蛛丝的帮助，帕克能在高楼大厦之间来回穿梭。”

“被蜘蛛咬过之后拥有特异功能，那只是漫画和电影里的情节，现实生活中是不可能出现的，否则我们经常被蚊子咬，岂不是都要变成吸血鬼了吗？呵呵。不过，《蜘蛛侠》电影里有一种说法是正确的，蜘蛛丝的确是世界上最强韧的天然纤维。”

“蜘蛛丝竟然是世界上最强韧的天然纤维？我去年曾经在公园里不小心弄坏一张蜘蛛网，感觉蜘蛛丝很容易就会被弄断呀？”

“单根蜘蛛丝当然容易被弄断，但是蜘蛛丝有很多优秀的机械性能，一根手指粗细的蜘蛛丝可以吊起 10 吨重的物体，蜘蛛丝能承担最大的拉力是同等重量钢丝的 5 倍。蜘蛛丝的柔韧性也特别好，拉长 1 倍左右都不会断。蜘蛛丝还非常轻便，最细的一根蜘蛛丝绕地球一圈只有 500 克重，而且在 -40 ～ 200℃都能保持这些性能。因此，《蜘蛛侠》电影中蜘蛛侠发射的蜘蛛丝能支撑他在楼宇间穿梭往返，是有一定科学根据的。”

“原来蜘蛛丝具有这么多优点，难怪蜘蛛侠能依靠它在空中来去自如。”

“除了电影里帮助蜘蛛侠行侠仗义之外，蜘蛛丝在现实生活中可能有更大的用途。人们希望用蜘蛛丝制造防弹衣和防弹头盔，还可用于制作可降解的手术缝合线、人工关节、人工肌腱和人造韧带等医学材料，甚至可开发成航空材料、运动装备等产品。”

“蜘蛛丝竟然有这么多用途，那一定需要饲养无数只蜘蛛，让它们吐出足够多的蜘蛛丝，才能生产这些产品吧？”

“小迪，你的想法差不多 100 年前就有人尝试过，不过蜘蛛属于肉食动物，并不好饲养。它们在一起经常自相残杀，还会同类相食。蜘蛛合成蜘蛛丝的能力也比较有限，一只蜘蛛每天只能分泌1毫克左右的蜘蛛丝，因此，人工饲养蜘蛛来生产蜘蛛丝的想法至今也没能成功。一名英国艺术家就曾经花费5年时间和30万英镑，雇用大批工人，小心收集120万只野生蜘蛛吐出的蛛丝，只制作出一件完全由蜘蛛丝织成的披肩。该披肩曾经在美国自然历史博物馆展览，轰动一时。”

“用蜘蛛丝织成衣服，真是费时、费力、费钱呀！既然利用蜘蛛来获得蜘蛛丝不现实，那怎么才能生产大量的蜘蛛丝呢？”

“当然需要科学家出马了。很多科学家希望利用家蚕来大量生产蜘蛛丝。”

“家蚕不是只能分泌蚕丝吗？我知道家里盖的被子就是蚕丝做的，妈妈有些衣服是用蚕丝制成的，姥姥的围巾也是蚕丝的。蚕宝宝怎么会吐出蜘蛛丝呢？”

“这就需要基因工程技术的帮忙。科学家发现，蜘蛛丝主要由蛋白质组成，其中最主要的是牵丝蛋白，因此，很多科学家尝试在基因工程细菌、酵母、植物等宿主中合成这种牵丝蛋白，但是效果并不理想。这主要是因为牵丝蛋白分子量较大、氨基酸序列高度重复，不适合在细菌或酵母等低等生物中合成。于是，科学家想到了同为‘吐丝专家’的家蚕。”

“为什么选中家蚕来生产蜘蛛丝蛋白呢？”

“家蚕是最早由中国人驯化的昆虫，5000多年前就开始驯化了，到如今已经非常适合人工养殖了。而且，家蚕的蛋白质生产能力非常强，一只家蚕每天可产约80毫克的纯蛋白，远远高于蜘蛛的吐丝能力，因此，家蚕被认为是生产重组蜘蛛牵丝蛋白的理想工具。日本国立农业生物研究所的科学家就研制出了一种转基因家蚕，能生产含有蜘蛛牵丝蛋白的蚕丝。”

经过长时间的飞行，小迪一家终于到达日本茨城县筑波市，之后直接前往日本国立农业生物研究所的基因工程家蚕实验室，见到了蜘蛛丝转基因家蚕项目负责人小岛桂太郎教授。

小岛教授很有礼貌地把大家请到他的会议室，这里已经有一位年

轻人在等候了。

“得知你们对蜘蛛丝转基因家蚕如此感兴趣，我们感到非常荣幸。听说你们刚从欧洲和美国考察回来，一定有很多收获吧？”小岛教授说道。

“感谢小岛教授的接待，耽误您和您同事的时间，真不好意思。我们正在筹建‘神奇动物世界’主题公园，所以一个月前到欧洲、美国考察了一圈，的确发现了很多神奇而有趣的动物。这次来到您的实验室，是因为通过公开发表的学术论文，得知您的研究小组研制出了一种转基因家蚕，能吐出含有蜘蛛牵丝蛋白的蚕丝，并把它们织成衣服。我也听说美国、中国等国家的科学家都在研究利用基因工程技术生产含蜘蛛牵丝蛋白的重组蚕丝，但是将重组蚕丝纺织成实物，你们的研究是首创。”唐博士简要介绍了之前的行程，很快直接进入了主题。

“是的，我们正在进行这方面的研究，不过也借鉴了国际方面很多同行的经验。”小岛教授谦虚地说道。

“小岛教授，您是怎么让家蚕吐出蜘蛛丝的呢？”小迪有些着急。

“让我们课题组的桑名吉彦博士给大家介绍一下我们的工作吧。”

“大家好，欢迎大家参观我们的实验室，下面由我简要地介绍一下蜘蛛丝转基因家蚕的研究情况。”桑名吉彦博士说道。“正如唐博士所言，中国、美国、日本等国家的科学家已进行了蜘蛛丝转基因家蚕的研究。例如，美国怀俄明州立大学的研究员将蜘蛛牵丝蛋白基因与蚕丝蛋白基因融合在一起，同时，与家蚕重链蛋白基因启动子重组，构建出一个全新的基因。之所以采用家蚕重链蛋白基因启动子，是因为重链蛋白是蚕丝中含量最丰富的蛋白质，有利于提高转基因家蚕重组蚕丝的合成能力。这个新基因转入家蚕受精卵后，就可培育出转基因家蚕，它们能吐出既含有蜘蛛牵丝蛋白又含有蚕丝蛋白的重组蚕丝。与普通蚕丝相比，这种重组蚕丝的机械性能得到了显著提高。”桑名吉彦博士继续解释道。

“我们课题组借鉴了美国科学家的思路，也是以蚕丝重链蛋白基因启动子与蜘蛛牵丝蛋白基因进行重组，并对其中的部分 DNA 序列进行优化，也培育出了转基因家蚕。这些转基因家蚕长大后，能正常吐丝，所吐的蚕丝也含有重组牵引丝蛋白，它们的机械性能显著提高，最突出的是韧性，其韧性比普通蚕丝提高 50% 以上。与此同时，我们还将这种转基因蚕丝纺织成丝线，制作成女士背心和围巾。据我们所知，这的确是首次将含有蜘蛛牵丝蛋白的转基因蚕丝制作成实用产品。”

桑名吉彦博士一边说着，一边向大家展示用转基因蚕丝制作成的背心和围巾。围巾是银白色，背心则是淡蓝色，都非常漂亮。小迪伸手摸了摸，感觉非常柔软光滑，而且富有弹性。

“不过，我们课题组制作的转基因蚕丝还不是十分完美。一方面，蜘蛛牵丝蛋白在转基因蚕丝中的含量很低；另一方面，转基因蚕丝机械性能还无法与天然蜘蛛丝相媲美。听说中国科学家在技术方面又做了改进，比如，中国西南大学的研究人员通过破坏家蚕自身的蚕丝重链蛋白基因，使绿色荧光蛋白含量等外源蛋白在蚕茧中的含量大幅提高，可以达到蚕茧的一半，是非常了不起的进步。不过，他们的主要目标是用来生产药用蛋白，当然，利用转基因家蚕生产重组药物蛋白也是一个非常好的研究方向，中国科学家在这方面走在了世界的前列。”小岛教授接过话题。

“小岛教授，你们的研究已经非常出色了！要知道，蜘蛛经过 4 亿多年的进化，才拥有了一套自然界中独一无二、精巧绝伦的吐丝织网本领。我们人类想用几十年时间，就完全模仿蜘蛛的这种独门功夫，并非易事。不过，随着基因工程技术的不断发展，这些难关必将被科学家一一攻破，届时，那些会吐蜘蛛丝的转基因家蚕也将成为耀眼的明星。”唐博士知道任何创新研究都不容易，他对小岛教授课题组的工作所说的这番话，既是赞赏，也是鼓励。

第二十一章
中国家蚕吐出抗癌药

中性粒细胞是人类血液白细胞的重要组成部分，约占白细胞总数的一半以上，对人体抵御病原体入侵至关重要。但是，经过放化疗的癌症患者的白细胞会受到严重破坏，极易受到病原体的感染，由此导致治疗失败。给这些患者注射重组粒细胞集落刺激因子，能促进中性粒细胞的分泌和成熟，从而让患者的白细胞数量恢复正常。中国科学家开发了一种能大量生产这种重组蛋白的基因工程家蚕，或许能开发出救命的抗癌新药。

告别小岛教授和桑名吉彦博士之后，小迪一家回到宾馆，唐博士开始准备回国的行程。

“太好了，我们马上要回到北京了，我都有点儿想爷爷奶奶、姥姥姥爷了，还有我们家的小动物们。”小迪高兴地说。

“小迪，我们的考察可还没有结束哦，我国一直非常重视生命科学研究，投入了大量的经费进行科技创新，许多杰出的科学家付出超人的智慧和辛勤的汗水，取得了举世瞩目的研究成果。未来，我们国家有望成为世界生命科学研究的中心，就像现在的美国一样。当然，也有很多神奇的动物等着我们呢。”唐博士一边打开电脑查看回国机票，一边跟小迪说着。

“好呀，那我们回国后先去哪里呢？”小迪问道。

“你还记得吗？今天我们去参观吐蜘蛛丝的蚕宝宝时，桑名吉彦博士提到中国有一种基因工程家蚕，能吐出治疗癌症的救命药。我知道它们在浙江理工大学，因此我们回国的第一站就去杭州吧！届时，还可以顺便去西湖看看。”唐博士提议道。

“这个主意好，漂亮的西湖值得一看。不过我们还是在日本旅游几天吧！”听到看美景，在一旁收拾行李的妈妈来了兴致。

“太好了，我要去迪士尼乐园玩个痛快。”小迪在床上跳了起来。

于是，小迪一家暂缓了回国的行程，在日本又游玩了几天，游览了富士山、上野公园等景点，当然，他们也游玩了小迪最喜欢的迪士尼乐园。

很快，小迪一家坐上前往杭州的航班，重新踏上神奇动物探索之旅。

到达杭州萧山国际机场后，唐博士带着家人直奔浙江理工大学，见到了张耀洲教授。张教授高大魁梧，戴着眼镜，又有些斯文，他可是我国家蚕基因工程制药技术的开创者。唐博士在几次学术会议中与张教授有过交流，算得上是老朋友了，他也一直想去张教授的实验室参观，这次正好借着“神奇动物世界”项目的机会，与张教授来一次深入交流。

“唐博士，我邀请你许多次，今天终于等到了，非常欢迎你和家人的到访。”张教授爽朗地说道。

“张教授，我也一直想了解你们培育的基因工程家蚕，这次正好趁女儿小迪放假，带她一起来看看。”唐博士回答道。

“张伯伯，您好！听说你们把家蚕变成生产抗癌药物的‘药厂’，我非常想看看这些基因工程家蚕长什么样。”小迪接着说。

“小迪，你好！我们先去实验室看看吧！我给你们当导游。”张教授一边说，一边带着大家走进实验室。

50多平方米的实验室井然有序地摆放着各种仪器和试剂，几名研究生正在实验台上操作着，有的在摇晃小试管，准备从细胞中提纯DNA；有的正高兴地看着琼脂糖凝胶上的蓝色条带，感叹重组蛋白终于获得了稳定高效的合成。还有两位工作人员在显微镜下对几厘米长的家蚕幼虫进行观察和显微操作。

“这些哥哥姐姐是不是正在把药用蛋白的基因转入家蚕体内呀？”小迪问道。

“不是的，这些家蚕并不能直接生产药用蛋白，而是被一种杆状病毒利用，来繁殖病毒后代。当然，这种杆状病毒事先经过了我们的基因改造，也就是将药用蛋白基因转入这种杆状病毒基因组中，构建重组杆状病毒，然后让重组病毒感染家蚕幼虫。重组病毒会在家蚕体内大量繁殖后代，由于药用蛋白基因已成为病毒基因组的一部分，重组

病毒在不断自我繁殖的过程中，也会不断合成和分泌出外源的药用蛋白。我们从家蚕的体液中收集这些重组病毒，将其中的重组药用蛋白纯化出来后，即可制成药物，这就是我们基因工程家蚕吐出‘救命药’的简单过程。”张教授解释道。

“原来外源药用蛋白并非转入家蚕基因组中，而是整合到杆状病毒基因组中，由重组杆状病毒感染家蚕，借家蚕的身体来生产重组药用蛋白，这与日本能吐出蜘蛛丝的转基因家蚕虽然有所区别，但都需要用到类似的基因工程技术。”唐博士接着说。

说话间，张教授又把大家领到了隔壁的一个房间，里面整齐地摆放着很多不锈钢架，架子上每隔三四十厘米有一个隔断，每个隔断上放着一个不锈钢托盘，托盘上则爬满了胖乎乎的蚕宝宝。虽然它们吃着美味的桑叶，却有点儿没精打采，原来它们正承受着杆状病毒的侵袭，成为这些杆状病毒的营养来源。

“张伯伯，为什么非要让这些蚕宝宝感染病毒生病呀？太可怜了。”小迪有些不忍心。

“其实在家蚕的生长过程中，感染病毒是非常常见的，杆状病毒就是其中一种经常感染家蚕的常见病毒。我们只是对这种杆状病毒进行基因改造，再通过其感染家蚕，大量繁殖出新的杆状病毒，目的是生产治疗癌症的‘救命药’。因此，这些家蚕也从‘吐丝专家’，转变成‘制药专家’，它们正在为解除人类癌症的痛苦做出巨大牺牲。”张教授解释道。

“这些蚕宝宝竟然能生产抗癌药物？”小迪想到这些蚕宝宝是为了帮助人类抗击癌症而承受痛苦的，心情稍微平复一些，不过还是觉得它们有些可怜。

“是的，我们目前正在进行研究的是一种叫作巨噬细胞-粒细胞集落刺激因子的血液蛋白，它主要由人体巨噬细胞合成分泌，主要功能则是刺激骨髓造血干细胞合成中性粒细胞。而中性粒细胞是正常人血液中白细胞的主要成分，约占一半以上，主要作用是吞噬和杀灭病原体，和淋巴细胞一道抵御病原体的入侵，所以一旦机体受到病原体的入侵，血液中白细胞的数量就会开始增加，对病原体进行围剿。”张教授说。

“我知道，每次感冒发烧的时候，医生都会给我采血化验，看看我血液中白细胞数等指标是不是高于正常值，以此来判断是不是细菌感染。如果白细胞数太高，医生还会给我开抗感染的药物。”小迪对医生的看病流程非常熟悉，因为有一年自己竟然连续去了四五次医院，每次医生采血化验，小迪都有些害怕。不过，现在她终于在心理上战胜了这点儿小恐惧，只当是被小蚊子咬了一口。

“不过，在癌症患者的治疗过程中却是相反的情形，治疗癌症通常要使用化学药物或核辐射来杀死肿瘤细胞。但大多数情况下，化疗或放疗容易同时误伤正常细胞，特别是白细胞，导致体内白细胞数量急剧减少，无法对病原体形成有效的防御。如果不能尽快使白细胞恢复，极有可能引发严重的感染。研究表明，粒细胞集落刺激因子能激发骨髓细胞，加快中性粒细胞的合成和分泌，使癌症患者血液中的白细胞数量恢复正常。”张教授继续解释。

“据我所知，国内外有很多医药公司已开发了重组粒细胞集落刺激因子药物，为什么你们还要用家蚕来生产呢？”唐博士问道。

“是的，国际上的确有多种药物上市，在癌症患者治疗等方面发挥着非常重要的作用。但这些药物主要由基因工程细菌或动物细胞生产，成本较高，我们希望以家蚕作为药厂来生产重组粒细胞集落刺激因子。因为大家都知道，家蚕只需食用桑叶，可以大大降低生产成本，如此可以让老百姓有机会使用廉价的抗癌药物。”张教授回答道。

“用家蚕来生产重组粒细胞集落刺激因子，估计降低成本没有问题，但是，如何保证这些重组蛋白与已上市的药物相同，也能让癌症患者在放化疗之后的受损白细胞恢复正常呢？”唐博士继续从专业的角度提问。

“在这方面，我们已经做了很多工作。首先，我们将重组蛋白纯化，发现它与人体内的天然蛋白结构完全一致，然后，我们用6000多只老鼠来验证重组蛋白是否具有正常的功能，即先将化学药物注射进老鼠体内，使其白细胞数量严重下降，然后让老鼠服用含有重组粒细胞集落刺激因子的胶囊。结果发现，原来下降的白细胞数量很快恢复了正常。目前市场上的重组粒细胞集落刺激因子药物都需要静脉注射，有一定副作用。而我们开发重组粒细胞集落刺激因子药物则是口服的，给药方式简单，副作用小。接着，我们还在狗和猴子身上进行了类似的试验，都证明重组粒细胞集落刺激因子具有迅速增加白细胞数量的功能，这也就是药物开发的临床前试验过程。”张教授回答得很轻松，但其实这一过程耗费了10年之久，充满艰辛，张教授对此却只字未提。

“目前，我们已经获得国家食品药品监督管理总局批准的临床批件，正在很多医院开展临床试验，希望在癌症患者身上进一步验证重组粒细胞集落刺激因子是否有疗效。这一过程艰难而漫长，不过我们对此有充分的思想准备，也有信心能够取得满意的临床试验结果。”张教授坚定地说。

“一种新药的开发本身就需要10～20年，更何况你们是用家蚕来生产重组蛋白药物，这在国际上没有先例，可能会耗费更长时间。就像第一例基因工程山羊生产的抗凝血酶Ⅲ，耗时接近20年。不过，非常希望你们这个创新成果能够取得成功。”唐博士对创新药物研发的艰辛深有感触。

“谢谢！目前，我们已经利用这种基因工程家蚕生产出了很多其他的重组蛋白药物。无论重组粒细胞集落刺激因子能否取得成功，我们都会一直研究下去，拯救更多患者的生命。”张教授对未来充满信心。

小迪终于明白，虽然这些蚕宝宝承受着患病的痛苦，但它们也承载着科学家的希望，希望它们有朝一日能像吐丝一样，源源不断地吐出救命药物，这要比只会吐丝的蚕宝宝伟大得多。

第二十二章
为孤独症患者“取经”的猴哥

研究发现，孤独症等神经系统疾病主要是由基因突变引发的，但是关于其发病原因等基础研究开展得并不多，而且缺乏有效的治疗手段。建立动物模型则是开展孤独症机理研究和筛选新药的主要途径。不过，由于小鼠的神经系统与人类的存在较大差别，因此，与人类亲缘关系更近的猴子，成为构建孤独症等神经系统疾病动物模型的首选。

离开张教授的实验室，小迪和爸爸妈妈按之前的约定，去西湖游玩半天。杭州西湖景区风景优美，游人如织，小迪爸爸租了一条小船，大家一起划到湖心停下，任船儿随风荡漾，近看杨柳依依，远看雷峰夕照，好不惬意！

“爸爸妈妈，杭州离上海很近，不如我们再去上海迪士尼乐园玩一天吧！那里也有很多动物，不过都是卡通动物，呵呵。”小迪玩性大发，在日本东京迪士尼乐园玩得不够尽兴，不禁想再去上海迪士尼乐园玩一趟。

“好吧，那我们下一站就是上海，不过，我们先得去参观一下另一种神奇动物，然后再去迪士尼乐园，好不好？”唐博士似乎早有计划。

“太好了，既能看神奇的高科技动物，又能看到可爱的卡通动物，两全其美。”小迪高兴地蹦了起来，弄得小船突然摇晃起来，吓了大家一跳。

“我们要参观的神奇动物是什么呀？”小迪平复心情后问道。

“一种能模仿人类孤独症的转基因猴。中国虽然在转基因猴研究方面比美国、日本起步晚，但近年来取得了多项国际领先的科研成果，例如，中国科学院昆明动物研究所等单位就相继培育出世界上首批基因敲除猴和帕金森病转基因猴模型。而孤独症转基因猴模型，则是由中国科学院神经科学研究所仇子龙研究员团队培育出来的，这也是世界上首批孤独症猴模型，他们的科研成果发表在国际权威期刊《自然》上，得到了国际同行的认可。”唐博士简单地介绍了中国转基因猴的研究历史。

“我发现中国科学家越来越厉害了，不仅参与很多国外的重大生命科学研究，在国内也获得了很多重要的原创研究成果。”小迪感慨地说。

“小迪说的没错，这主要得益于我国政府越来越重视科技创新，不断加大科技投入，吸引了更多聪明又勤奋的学生加入科研工作中。这些科学家出国深造后，大多都选择回国从事创新研究，贡献自己的才华，所以，我国很有希望成为未来世界生命科学的研究中心。”唐博士说道。

“我将来也要出国留学，学习更多的科技知识和创新思维，然后回国更好地开展科学研究。”小迪坚定地说道，听得旁边的妈妈乐开了花。

小迪和爸爸妈妈乘坐高铁，从杭州到上海的车程只需要一个小时，大家不由地感叹中国高铁之便利和科技之发达。到达上海高铁站后，大家直接乘坐地铁前往中国科学院神经科学研究所，见到了仇子龙研究员，他是一名戴着眼镜、文质彬彬的年轻学者。

“非常欢迎唐博士一行来我们实验室参观。”仇子龙研究员礼貌地把大家引进他的办公室。

“谢谢仇博士！从媒体的报道中得知，您的课题组培育出一种能模仿人类孤独症症状的转基因猴，我们正在筹建‘神奇动物世界’主题公园，希望将来能将这些转基因猴模型纳入其中，展示我国科学家在这方面的创新成果。”唐博士开门见山。

“好呀，我非常乐意和大家交流在孤独症和转基因猴模型等方面的研究进展。”仇博士点点头说道。

“仇叔叔，我们能看看这些转基因猴吗？”小迪总是急于看到动物们。

“不好意思，我们的转基因猴饲养在我们研究所的动物房里，但是看猴子却需要经过体检，确保不携带结核杆菌等。因为猴子是我们的近亲，我们会得的疾病大多它们也会得，所以既要保护我们不被猕猴传染疾病，也要保护猕猴不被我们传染。不过，待会儿我们可以通过监控视频来观看这些可爱的猴子。”仇博士说完，打开电脑和投影仪，将转基因猴的视频投影到白墙上。在一段视频中，正常的猴子在笼子里上蹿下跳，活动自如，孤独症转基因猴则在隔壁的笼子里来回转圈，神态呆板；而在另一段视频中，研究人员正用黄色和蓝色的积木拼成不同形状，一组由纯黄色积木组成，另一组由黄色和蓝色组成，形状也有所差别，然后教猴子们辨认，找出后一组积木。结果，不管研究人员如何变化两组积木的位置，普通猴子很快就能找到，但转基因猴却总是机械地在右手边找积木，而不能辨识积木的颜色或形状。

“大家看，这些转基因猴表现出孤独症患者的一些典型症状，行为呆板，有认知障碍。孤独症是多发于青少年的发育性神经系统疾病，大多数患者喜欢一个人玩耍，不喜欢交朋友，动作刻板而重复，比如，绕着屋子跑圈或者蜷缩在墙角玩手指，而且容易出现焦虑、易发脾气等情绪异常。据统计，每 50 个孩子中就有 1 个孤独症患者。遗憾的是，目前仍没有特效药物能够治疗，干预方法也十分有限。形成孤独症的原因非常复杂，目前的研究还不是非常明确，所以我们希望通过这种转基因猴来探索孤独症的致病机理及新的治疗方法。”仇博士解释道。

“据我所知，国外已有科学家用转基因小鼠来模拟孤独症症状，操作简单，制作成本也较低，为什么你们要用转基因猴呢？”唐博士问道。

“是的，10 多年前美国贝勒医学院的研究人员就已经构建了孤独症转基因小鼠模型，该模型展现出明显的社交功能障碍。但孤独症涉及多种复杂的高级神经活动，如果要为临床研究与治疗提供更为有力的支持，小鼠显得力不从心。而猴子作为灵长类动物，与人亲缘关系较近，相比于其他动物，猴子的神经系统也与人的更为相似，因此，猴子是研究人类神经系统疾病的最理想模型。”仇博士对该领域的研究了如指掌。

“小迪你看，这与我们之前在美国参观过的肿瘤转基因猪模型有点儿相似，也是因为转基因小鼠模型无法准确模拟人类肿瘤症状，所以科学家开始用转基因猪作为模型来研究肿瘤。”唐博士对小迪说道。

“我明白了。但是，仇叔叔，这些转基因猴看上去跟普通猴子没有区别，为什么能模仿人类孤独症的症状呢？”小迪好奇地问道。

“最初大家认为孤独症是由家庭教育环境等因素引起的。然而，研究发现，孤独症主要是由遗传突变引起的，而且有 100 多种基因的突变与孤独症相关，是一种多基因共同作用的疾病，其中有一种 *MeCP2* 基因与孤独症发生有密切关系。如果该基因发生突变或缺失而丧失功能，患者会表现出孤独症的一些轻微症状，主要影响女孩；但该基因出现过量表达时，会导致大脑组织中 MeCP2 蛋白过剩，表现出严重的孤独症症状，这种情况多发于男孩。”

“也就是说 *MeCP2* 基因的表达不能多，也不能少，必须保持精妙的平衡，才不会得孤独症。”唐博士总结道。

“我听明白了，男孩似乎更容易得孤独症，下次我遇到不爱说话，不爱交朋友的男同学，得多关心他们，可能他们得了孤独症。”小迪自顾自地推测道。

“关心这些同学是对的，不过不能简单地从他们的表现，就判定他们得了孤独症，必须通过医生的诊断和分子检测，比如，找到 *MeCP2* 基因的缺失突变或倍增突变，才能确诊。我经常接触孤独症儿童及家庭，非常了解这些患者的痛苦，但是很遗憾，我不能在治疗方面给他们提供太多的帮助，所以我希望通过培育孤独症转基因猴，来研究孤独症的致病机理，进而找到对治疗孤独症有疗效的新药或方法。”仇博士说。

“那这些转基因猴应该是转入了 *MeCP2* 基因，才会表现出孤独症症状吧？”小迪问道。

“是的，我们将人类的 *MeCP2* 基因与绿色荧光蛋白基因连接后，以一种不具传染性的病毒作为载体，将这些外源基因转入猕猴卵母细胞中，人工授精后将受精卵移植到代孕母猴体内，最终培育出多只转基因猴。这些转基因猴均含有多个拷贝的 *MeCP2* 基因，也就是 *MeCP2* 基因倍增突变，很快，转基因猴表现出我们刚刚在视频中看到的孤独症行为，如行动呆板迟缓、认知能力下降等。我们还通过人工授精方法繁殖出了第二代转基因猴，也同样能表现出孤独症症状，这表明，外源的 *MeCP2* 基因能遗传给转基因猴后代。我们正在培育更多的孤独症转基因猴，来研究孤独症遗传机理，以及筛选可能对孤独症症状有疗效的新药。”仇博士介绍道。

“太好了！孤独症很快就会被您的团队攻克了。”小迪听完仇博士的介绍，仿佛看到了孤独症小伙伴的治愈希望。

“还不能这么说，目前，国际医学界对孤独症的研究历史并不长，我们的研究工作也刚刚起步，而且 *MeCP2* 基因也只是上百个与孤独症有关的基因中的一个。如果将来有更多的科学家加入其中，培育出更多的孤独症转基因猴模型，或许能找到治疗孤独症的新药和新方法。就像《西游记》中的孙悟空西天取经一样，希望这些转基因猴能帮助人类找到治疗孤独症等遗传病的‘真经’。”仇博士谦虚而充满信心地说道。

“小迪，要攻克一类疾病，可没有你想象的那么容易，这需要更多科学家贡献自己的智慧和劳动，甚至通过几代人的努力才能办到。不过，只要大家一起努力，最终一定会找到孤独症等遗传病的预防和治疗手段。”唐博士意味深长地对小迪说。

告别仇子龙博士，小迪很快想起去迪士尼乐园畅玩。于是，大家下午直接入住了上海迪士尼乐园里面的玩具总动员酒店，晚上在奇幻童话城堡观看了灿烂夺目的烟火表演。第二天一大早，小迪就催促爸爸妈妈起床，赶到游乐场时已经人山人海了，每个热门项目都需要排队 2 个小时以上，排队越长的项目往往越精彩。飞越地平线、漫游童话时光、爱丽丝梦游仙境迷宫、小熊维尼历险记、加勒比海盗等项目都精彩无比。大家幸运地赶上了最后一趟雷鸣山漂流，小迪就喜欢这种刺激好玩的项目，游乐场散场音乐响起时，小迪仍然意犹未尽。

“我真想再玩一天呀！这个漂流太有意思了。”小迪有些恋恋不舍地说道。

“你想漂流，我带你们去真正的大江大河上漂流怎么样？”唐博士知道后面还有许多种神奇动物需要考察，不能在上海耽误太多时间。

第二十三章
当中国鲤鱼遇到半个草鱼基因

经过不懈的努力和漫长的等待，加拿大转基因三文鱼终于在2015年年底获得美国食品药品监督管理局的上市批准。半年后，加拿大也批准了这一食用转基因动物，而曾经领跑世界转基因鱼研究的中国转基因鲤鱼却一直在“潜水”，只因为这种转基因鲤鱼基因组中“转入”了半个草鱼基因。目前，这种转基因鲤鱼已完成各种安全性评价，何时能像转基因三文鱼一样浮出水面呢？

“真的吗？太好了！什么时候去呀？”小迪听到要去大江大河里来次真正的漂流，兴奋地叫了起来。

“我们明天动身去武汉看黄河鲤鱼喽！”唐博士早有计划。

“我还以为是像雷鸣山漂流这样刺激好玩的项目呢！原来是去看鲤鱼。有什么意思？”小迪有些小失望地说道。

“小迪，不要小看了这些鲤鱼呀，它们也是神奇的高科技动物呢！”唐博士急忙说。

“有什么神奇的呢？”

“这种鲤鱼‘借’了半个草鱼基因，竟然比普通鲤鱼的生长速度快上一倍，就像加拿大转基因三文鱼一样神奇。”

“为什么要借半个草鱼基因呢？”

“还记得转基因三文鱼是转入什么基因吗？”

“是一种帝王鲑的生长激素基因，帝王鲑体形比大西洋鲑鱼大很多，所以它的生长激素让转基因三文鱼的生长速度比普通鲑鱼快很多。”

“答对了，我们要参观的这种鲤鱼也是一种转基因鱼，转入的就是草鱼生长激素基因。”

“为什么说是半个草鱼基因呢？”

“你应该已经知道，一个基因包括三部分，分别是启动子序列、基因编码序列和终止序列。其中，启动序列决定基因在什么时候、什么地方合成蛋白质；基因编码序列则决定能合成由什么氨基酸序列组成的蛋白质，每三个编码 DNA 对应一个氨基酸；终止序列则起到终止和稳定基因表达的作用，如果将基因看成一列火车，启动子序列就像火车头，编码序列就像车身，终止序列就像车尾。”

“这个知识点我已经在前面的参观考察中了解到了。”

“转基因鲤鱼转入的是经过改造的草鱼生长激素基因，其中，启动子序列和终止序列都是来自鲤鱼自身的一种肌动蛋白基因。而编码序列当然属于草鱼的生长激素基因，所以这种转基因鲤鱼只是转入了半个草鱼基因。”

“我猜，转基因鲤鱼选择草鱼生长激素基因，跟转基因三文鱼选择帝王鲑生长激素基因一样，都是因为体形越大，其生长激素基因就越强大。”

“很好，小迪对这些分子生物学知识已经能融会贯通了。”

这是小迪和爸爸在从上海前往武汉的高铁上的对话，没多久，列车停靠在武汉高铁站，大家搭乘公交车来到中国科学院水生生物研究所，见到了朱作言院士，他是培育出世界上第一批转基因鱼的科学家，比加拿大转基因三文鱼还领先好几年呢。虽已 70 多岁，但是朱院士精神矍铄、思维敏捷，说话间还带有一些湖南口音。

“朱院士，您好！非常感谢您能答应我们参观转基因鲤鱼。”唐博士说道。

“老乡，欢迎你们！我今天正好有空，可以一起聊聊。”朱院士微笑着说道。

“朱爷爷，我也是您的小老乡呢！ 30 年前，您为什么想到要培育转基因鲤鱼呀？”

“哈哈，30 年前，当时基因工程技术刚刚兴起。世界上第一只快速生长的转基因小鼠诞生后，各国科学家觉得这项技术如果用于动植物新品种培育，有希望培育出杂交技术无法培育的高性能新品种。很快，第一批基因工程猪、牛、羊和兔等动物就培育出来了，但是没有转基因鱼。我本身是做淡水鱼类遗传育种研究的，自然希望将基因工程这种最先进的生物技术应用到淡水鱼类育种上。刚开始，国内的科研条件很差，也没有成熟的技术，连基因都没有，我们就慢慢摸索，终于在1984年培育出世界上第一批转基因鱼。我们采用小鼠金属硫蛋白基因启动子与人生长激素基因编码序列组成新的重组基因，显微注射到鱼类受精卵中，先后获得转基因泥鳅、鲤鱼、鲫鱼，结果这些转基因鱼体内都合成了重组人生长激素，使得转基因鱼的生长速度显著快于非转基因鱼。大约5年后，加拿大科学家才培育出第一批转基因三文鱼。”

“好像这些转基因鱼都不能上市，因为金属硫蛋白基因启动子需要在饲料中添加重金属，才能启动基因表达，这容易造成重金属超标。”唐博士说道。

“的确是这样，其实我们刚开始并未考虑让转基因鱼产业化的问题。当时我纯属好奇，也是出于科学研究的目的，看看在其他动植物身上已广泛使用的转基因技术，能不能在鱼类中应用。很快，我们的研究就证实转基因技术是可以用于培育生长快速的鱼类新品种的。于是，我们又提出了‘全鱼’基因的设想。”朱院士提起当初的设想和研究，记忆犹新。

“全鱼”基因，是指研制转基因鱼所用的重组基因元件全部来自鱼类自身。朱院士等自主克隆出鲤鱼的肌动蛋白基因序列和草鱼的生长激素基因序列，利用鲤鱼肌动蛋白基因启动子序列与草鱼生长激素基因编码区序列拼接成新的“全鱼”重组基因，再将“全鱼”重组基因显微注射到鲤鱼受精卵内，培育出了具备产业化潜力的转“全鱼”生长激素基因鲤鱼。

“之所以选择草鱼生长激素基因，主要是草鱼和鲤鱼一样都是中国主要的食用淡水鱼类，草鱼是鲤鱼的近亲，两者都是鲤形目鲤科的物种，草鱼和鲤鱼也能杂交产生后代。而且，草鱼体形比鲤鱼大，生长速度也比鲤鱼快，我们推测草鱼生长激素基因能更有效地促进转基因鲤鱼生长。事实也证明这种推测是正确的。转基因鲤鱼的生长速度比普通对照鱼快一半以上，成年体重是对照鱼体重的2倍以上，而饲料转化率也能提高近20%。转基因鲤鱼能在养殖当年上市，节省了大量饲料和人工。”朱院士解释道。

“转‘全鱼’基因鲤鱼培育成功后，大家最担心的是安全问题。在这方面，你们主要做了哪些工作呢？”唐博士问道。

“与转基因三文鱼一样，我们对转‘全鱼’基因鲤鱼开展了一系列安全评价试验，从技术上已完全可确保转基因鲤鱼的食用安全性和环境安全性。”朱院士回答道。

原来，朱院士研究团队为了验证转基因鲤鱼的食用安全性，委托国内权威检测机构，按照国家Ⅰ类新药的毒理学实验规范和实质等同性原则，对转基因鲤鱼进行了营养学、毒理学和致敏性研究，结果证明，转生长激素基因鲤鱼与普通对照组鲤鱼一样不存在食用安全风险。

此外，公众特别是一些生态学者担心转基因鲤鱼会对野生鲤鱼的生态造成破坏，争夺野生鲤鱼的生存空间，或导致转基因扩散无法控制。其实，这些问题研发人员早已考虑到了，他们首先将转基因鲤鱼培育成不能生育的三倍体鲤鱼。朱院士团队利用在实验室培育的二倍体转基因鲤鱼与湖南师范大学科研人员培育的异源四倍体鲫鲤进行杂交，其杂交后代100%都含有三套染色体，而正常动物只含两套染色体，因此，这些三倍体转基因鲤鱼既不能和同类繁殖后代，也无法与野生鲤鱼繁殖后代，这样就避免了转基因鲤鱼释放后的基因扩散问题。

“走，我带你们去我们的实验湖看看。”朱院士说完，带着大家走出了研究所。

走了没多久，大家来到了一个封闭的人工湖边，坐上快艇，在湖面上飞驰。小迪高兴极了，这虽然不是漂流，但这种在湖面上极速飞驰的感觉也是她非常喜欢的。到达湖心后，朱院士让工作人员撒起网来，准备让大家品尝一顿美味的转基因鲤鱼大餐。结果，打捞上来十几条大小不一的鱼，其中包括2条大鲤鱼和3条小鲤鱼。这几条鲤鱼在外形上没有区别，但大鲤鱼足有半米长，差不多是小鲤鱼的一倍，这正是转基因鲤鱼，而小鲤鱼则是普通鲤鱼。朱院士特别强调，这些鲤鱼在放养时都是差不多大小的。

原来，为进一步验证转基因鲤鱼不会对生态环境造成不利影响，

朱院士课题组还专门设计和构建了一个模拟中国长江中下游湖泊生态环境的人工湖。该人工湖中的鱼类、水草等均模拟典型的自然湖泊生态，而且不进行人工投喂，该湖泊中共放养了12个科的23种鱼，其中包括转基因鲤鱼和野生鲤鱼。研究人员从分子、个体、种群和群落等不同水平，全面系统地评价了转基因鲤鱼对生态环境的可能影响，包括基因扩散、竞争性、生存能力等指标。结果发现，转基因鲤鱼在野生环境中的生存能力比普通鲤鱼差，也并未将转基因扩散到其他物种，因此，转基因鲤鱼的生态风险并不比对照鲤鱼高。

“我知道，这些转基因鲤鱼诞生的时间早于加拿大转基因三文鱼，按理说应该比它们更早地实现产业化吧？”唐博士听完朱院士的介绍，接着问道。

“遗憾的是，我们在产业化进程远远落后于加拿大转基因三文鱼。1991年，转‘全鱼’生长激素基因鲤鱼培育成功。2000年，我们完成了中间试验。之后，我们又开展了转基因鲤鱼的生产性能测定、食用安全和生态安全评价等一系列试验，这些研究均早于加拿大转基因三文鱼。不过2000年以后，中国转基因鲤鱼一直停留在环境安全评价阶段。而加拿大转基因三文鱼却经过不懈努力和漫长等待，2010年通过美国食品药品监督管理局食用安全许可，2012年又通过美国食品药品监督管理局的环境安全性评估，最终于2015年11月获得美国食品药品监督管理局的上市批准，成为国际上第一个获准上市的食用转基因动物，彻底超越了我们的转基因鲤鱼。”朱院士感慨地说。

“根据我国现行转基因生物安全管理相关法规，转基因安全评价需要经过实验研究、中间试验、环境释放、生产性试验和安全证书5个阶段，因此，转基因鲤鱼要拿到安全证书，需要进行环境释放和生产性试验两个阶段的评价，获得安全证书后，还需要申请品种认定，才能实现产业化。即使一切顺利，转基因鲤鱼至少还要等5年以上时间才能上市”。朱院士接着说道。

“不过，目前我国政府对于转基因技术研发和产业化的支持态度更加明朗与坚决，而转基因三文鱼上市也给转基因鲤鱼树立了榜样。但愿具有自主知识产权的中国转基因鲤鱼在研发机构和管理部门等的共同努力下，能早日‘游出’实验室，跟随转基因三文鱼‘跳上’人们的餐桌。”唐博士深知在中国科技创新之艰难，特别是前沿技术的创新，一定会遇到各种各样的障碍和困难，需要多方共同努力，才能将科技创新转化为社会进步的动力。

午餐时间到了，朱院士让研究所食堂的大厨精心烹饪了一道独特的红烧转基因鲤鱼，大家品尝起来，小迪觉得味道非常鲜美。

第二十四章
多子长寿的克隆山羊

世界上第一个体细胞克隆家畜——多利绵羊，6岁多因严重的肺部感染和关节炎被执行安乐死，引发科学家、媒体和公众对克隆动物早衰问题的担忧。但是，中国科学家培育的克隆山羊和克隆黄牛不仅健康长寿，而且繁育了很多后代。

吃过美味的转基因鲤鱼后，在回宾馆的路上，小迪和爸爸又攀谈了起来。

“红烧转基因鲤鱼味道真不错，鱼肉鲜嫩，而且没有什么小刺，不容易卡到嗓子。”小迪说。

“是的，转基因鲤鱼可是由中国科学家独立完成、曾经领先世界的成果。其实还有很多类似的原创成果，比如，西北农林科技大学张涌教授团队培育的中国首例体细胞克隆山羊阳阳，足足比英国的克隆绵羊多利多活差不多10年。”唐博士准备将小迪的兴趣点转移到下一个要参观的神奇动物上。

“爸爸，我记得绵羊多利只存活了6年多，就因肺部感染和关节炎被执行安乐死，听说克隆动物容易早衰，为什么克隆山羊阳阳能如此长寿呢？”

“刚开始，在有些克隆动物身上的确能观察到早衰现象，但是更多的克隆动物并没有表现出早衰，如与多利遗传来源相同的克隆羊姐妹，就没有早衰现象。而我们即将参观的克隆山羊阳阳更是接近山羊的寿命极限。”

“我们什么时候可以去看看这位‘老寿星’呢？”

“很遗憾，阳阳以近16的高龄在不久前刚刚去世，这在普通山羊中算寿命高的了。它跟多利一样，也被制作成了标本。我们除了可以去看看它的标本以外，还可以去看看阳阳的后代。阳阳的后代都繁殖到第五代了，真是儿孙满堂！”

于是，小迪一家人坐上了前往古城西安的高铁。张涌教授专程开车到高铁站来接大家，然后驱车前往西北农林科技大学。

“唐博士，欢迎你们的到来，我们先去看看阳阳的标本吧！”张教授一边开车，一边开门见山地说。

“好呀，我们来看看这个‘老寿星’是什么样子的。”小迪兴奋地抢着说道。

大约半小时后，张教授的车停在西北农林科技大学克隆动物基地办公楼前，大家随张教授走进一间小房间，只见两只几乎一模一样的山羊立在屋子中间的玻璃罩里，它们被制作得栩栩如生。其中一只正是中国首只体细胞克隆山羊阳阳的标本，而一只名叫青青，长长的毛发灰青而整洁，体高约 50 厘米，体长约 60 厘米。阳阳与青青最显著的区别就是胡须，阳阳的胡须约有十多厘米长，呈银白色，表明胡须的主人是个“大寿星”。

“为什么两只羊长得这么像呀？”小迪问道。

“阳阳是我们培育出的第一只健康成活的体细胞克隆山羊，而青青可以说是阳阳遗传学上的妈妈，大家知道，要获得体细胞克隆动物，首先需要有提供细胞核的体细胞，也就是核供体。青青正是阳阳的核供体，阳阳几乎是青青的复制品，所以它俩长得很像。”张教授回答道。

“我查阅了一些文献，发现在阳阳诞生之前，中国、美国、日本等国家已经培育出体细胞克隆山羊，那阳阳有什么不同之处吗？”唐博士早已计划要参观我国首批体细胞克隆山羊，所以提前了解了一下国内外克隆羊的研究历史。

“是的，国内外多个研究小组在我们之前已经培育出体细胞克隆山羊，不过它们是用羊胎儿成纤维细胞作为核供体的，需要将羊胎儿从母羊体内取出，培育体细胞，这样羊胎儿无法存活，当然这样做主要是从克隆效率角度考虑的。而我们的技术路线跟多利相近，都是用成年母羊的皮肤细胞作为核供体，只需采集母羊的一小块皮肤组织，在实验室培育出皮肤成纤维细胞，然后经过核移植操作，培育出体细胞克隆山羊。这样做不会对核供体母羊造成伤害。虽然克隆效率略低一些，但是也能获得健康存活的体细胞克隆山羊。”张教授说。

“原来培养羊胎儿成纤维细胞，需要将还在母羊肚子里的小羊羔取出来，这太残忍了！那还是用成年羊的耳朵组织培养体细胞比较好一些。”小迪接过话题说道。

“除了作为阳阳的遗传物质提供者，青青本身也是一名英雄的山羊妈妈。它出生于山东济宁，是当地特有的山羊品种，一生共生育过8胎。而阳阳则是用青青6岁时的耳朵皮肤细胞进行克隆获得的，是世界上首例成年体细胞克隆山羊。”张教授继续介绍道。

“那么，青青是不是也和阳阳一样长寿呢？”小迪好奇地问。

“一般青山羊的自然最长寿命为16～18岁，但是青青却在10岁时就去世了，相当于人类的六七十岁吧。而它的克隆后代阳阳却活到了16岁，可以说是非常长寿了，这表明克隆动物并没有人们担心的早衰问题，这一点正好与绵羊多利的姐妹没有出现早衰现象相印证。”张教授解释道。

“除了长寿之外，听说阳阳同样是个英雄羊妈妈，已经五世同堂了。我们能看看它的后代们吗？”唐博士问道。

“没问题，阳阳的后代就生活在我们的试验牧场。走，我带你们去看看。”张教授说完，带着大家乘车前往西北农林科技大学试验牧场，约20分钟车程就到达了目的地。

走进牧场，小迪发现这并不是现代化程度很高的养羊场，但是收拾得非常干净整洁，看得出，小羊们生活在里面很舒适。一只小羊在水槽里喝着水，两只刚出生不久的小羊羔，依偎在母羊身旁吸着奶。另外几只小羊则安静地躺在沙地上睡着了。还有几只小羊看有人来，一点儿也不害怕，凑到栅栏边“咩咩”地叫着。小迪见状伸手过去，小羊以为有什么好吃的，竟然伸出舌头舔了舔，吓得小迪赶紧把手缩了回来，生怕被小羊当成美食饱餐一顿。

“妈呀，吓我一跳，差点儿被小羊咬一口。”小迪心有余悸地说。

“哈哈，不用害怕，小羊是不会咬你的，它只是舔一舔，它们的牙齿还没有长齐呢，而且小羊们都是吃草的。”妈妈安慰道。

生日快乐
15

张教授带大家走进一栋羊舍，原来里面饲养的都是阳阳的后代。这栋羊舍里面分成很多隔断，其中最里面的隔断被做成一个“单间”，是专门让阳阳住的，不过，现在已经空着了。隔壁则住着阳阳的子女们，它们都是经过自然交配或人工授精，由阳阳生下来的。

“这是阳阳的第一个后代，我们叫它庆庆，它差不多15岁了，牙齿都掉光了，只能吃一些嫩草和嫩菜叶。目前阳阳最年轻的后代也有10岁左右了。”张教授指着一只与阳阳外形很像的母羊说道。

“看来不仅克隆羊阳阳是‘老寿星’，它的后代也很长寿呢！”小迪看到庆庆说道。

“呵呵，是的，可能与品种有关，青山羊属于我国地方品种，本身适应性和抗病力比较强，我们并没有对它们进行特殊照顾。但是它们都具有正常的繁殖功能，并没有出现一些之前人们担心的、与克隆动物有关的疾病。”张教授说道。

“这一点与我们的研究比较相似，我们课题组曾经培育出我国第一头体细胞克隆冀南黄牛。冀南黄牛也是原产于山东，同样是我国著名的地方家畜品种，具有很强的适应性和抗病能力。目前，这头克隆黄牛已健康存活16年，同样没有出现早衰现象。迄今它已经繁殖了5胎，后代也很正常。”唐博士接着说道。

“这说明体细胞克隆动物与普通动物一样，具有正常的生长发育能力和繁殖能力。也就是说，利用动物克隆技术繁育优良种畜和濒危动物物种是可行的。”张教授总结道。

“目前，你们用体细胞克隆技术主要做了哪些工作呢？”唐博士问道。

“体细胞克隆技术是一项非常好的繁殖技术。一方面，我们对大动物体细胞克隆的各个技术环节进行完善，培育出一些优良牛羊种畜；另一方面，我们以体细胞克隆技术为基础，结合最新的基因工程技术和基因编辑技术，先后培育出多种抗乳腺炎、抗结核病基因编辑奶牛和山羊，这些成果都是国际首创，研究论文也发表在《自然·通讯》

《美国科学院院刊》《基因组生物学》等国际著名的学术期刊上，受到国际媒体和同行的关注及好评。当然，这么多原创成果的取得，主要得益于我国政府对科研工作的支持，我们也希望全身心地投入科技创新中，创造出更多更好的科研成果回报社会，在国际舞台上展示我们国家的创新实力。”张教授自豪地说。

“祝贺张教授的团队能取得这么多原创科研成果，也希望您多多保重身体。”唐博士知道科研工作很辛苦，由衷地说道。

第二十五章
能产“人乳”的奶牛

母乳是婴幼儿最好的食物，不仅能提供丰富的营养物质，而且其中富含的一些功能蛋白，对于提高婴幼儿机体免疫力、大脑发育和疾病预防等方面都至关重要。但由于种种原因，很多婴幼儿并不能获得长期、充足的母乳喂养，导致出现肥胖、免疫力下降等问题。因此，有科学家提出“人乳化”牛奶的设想，就是通过基因工程技术将牛奶的主要成分改造得尽可能接近“母乳”，有望为早产儿及慢性病患者提供帮助。

“好了，我们终于可以回家了。”参观完西北农林科技大学克隆动物基地之后，唐博士订好第二天回北京的高铁票，一家人即将结束漫长而愉快的神奇动物考察之旅。

“太好了，终于可以看到我的小伙伴们了。”小迪高兴地说道。

“不过，还有最后一个神奇动物要考察哦！你之前也见过，是一种能产‘人乳’的大奶牛，你还喝过它们的奶呢！”唐博士计划中的最后一站，正是自己曾经参与研发的人乳化基因工程奶牛研究基地。

“我记起来了，这种人乳化牛奶的味道很香浓，比市场上的奶制品好喝多了。”小迪记得爸爸经常带这种美味的牛奶回来。

“因为市场上的奶制品是从千家万户或不同养殖场收购来的，需要经过严格的高温或超高温灭菌、均质、罐装等工业化过程，多少会影响奶制品的口感，甚至会损失一些营养成分。而我们实验牧场生产的牛奶只需要简单的灭菌过程即可，不但保持了牛奶的原汁原味，而且这些基因工程奶牛所产奶中含有一些人类母乳中特有的蛋白质，更加营养。”唐博士解释道。

“为什么要让奶牛产人乳蛋白呢？”小迪问道。

“要回答这个问题，我们需要先弄明白母乳的作用。其实，对于婴幼儿来说，母乳是最好的食物，这是因为母乳能提供婴幼儿身体发育所需的全部营养成分。除此之外，有研究表明，长期母乳喂养还能显著提高婴幼儿的智商和认知能力，并能显著增强婴幼儿的免疫力，降低儿童和青少年患上腹泻、呼吸道疾病、肥胖和糖尿病等疾病的风险，甚至能减少儿童罹患癌症的风险。例如，以色列海法大学的一项研究表明，母乳喂养可以将儿童罹患白血病和淋巴瘤的风险减少60%以上。因此，世界卫生组织推荐纯母乳喂养时间至少6个月，并建议婴儿应当在持续母乳喂养的基础上接受补充食品，直到2岁甚至更长时间。”唐博士说。

“母乳有这么多好处呀，那我一定喝了很长时间的母乳，我感觉自己还挺聪明的。”小迪转向妈妈，调皮地说。

“哈哈，你喝母乳的时间是不短，大概一年吧，我们很想让你喝更长时间的母乳，不过妈妈要上班，工作比较忙，渐渐乳汁也变少了。”唐妈妈看到宝贝女儿健康聪明，觉得以前哺乳期的辛苦付出都是值得的。

“是的，很多年轻妈妈由于工作原因，很早就给婴儿断奶，或者由于身体原因，母乳分泌不足，导致母乳喂养率偏低。我国的母乳喂养率就不足30%，有些城市的母乳喂养率更低。有些早产儿更可怜，由于早产，他们的妈妈多数不能正常泌乳，这些早产儿也无法喝到足够的母乳，只能喝配方奶粉。而缺乏母乳喂养的婴儿容易出现肥胖、体质差、易患病等问题。据世界卫生组织估计，每年全球约有1500万个早产儿出生，其中约有100万个5岁以下的婴幼儿死于早产等相关问题，中低收入国家的早产儿死亡率则更高，而无法获得充足的母乳喂养是主要原因之一。”唐博士继续解释道。

“这些早产儿真可怜！能不能像献血一样，让其他妈妈给他们捐献母乳呢？”小迪知道献血可以挽救缺血患者的生命，于是提议道。

“你所说的做法早已经实现了。20世纪80年代在美国开始出现的母乳银行，成为挽救早产儿生命的重要措施。最近几年，我国也开始成立母乳银行，就是动员哺乳期的妈妈们将多余的乳汁捐献出来，放到母乳银行冷冻保存，然后分发给那些有需要的早产儿食用。不过，由于种种原因，母乳银行也不能完全满足早产儿的母乳需求。”唐博士说。

“那怎么办呢？”小迪着急地问道。

“20 世纪 90 年代，有科学家提出设想，利用基因工程技术，将牛奶的主要营养成分改造得尽可能接近人类母乳，这样就可以源源不断地生产‘母乳’，我们称之为‘人乳化’牛奶，希望用来替代一部分母乳。”唐博士回答道。

“我知道乳汁中有几百种物质，要怎样才能改造得接近人乳呢？”小迪继续抛出自己的问题。

“没错，所有哺乳动物的乳汁中都含有数百种物质成分，当然不能改变所有成分，我们首先从主要的乳蛋白入手。我们分析发现，乳蛋白可以分成酪蛋白和乳清蛋白两部分，其中，酪蛋白就是奶酪的主要成分，主要提供身体发育所需的氨基酸。而乳清蛋白则含有免疫球蛋白、乳铁蛋白、α- 乳清白蛋白、过氧化物酶和溶菌酶等多种功能成分，对增强婴幼儿免疫力、促进大脑发育、预防癌症等方面至关重要。人乳和牛奶相比，主要的区别有三点：一是牛奶以酪蛋白为主，占到 80%，不过很多牛奶酪蛋白并不适合婴幼儿消化吸收，乳清蛋白只占 20%，而人乳中酪蛋白含量只有 60%，乳清蛋白占比达 40%；二是人乳中乳铁蛋白、α- 乳清白蛋白、过氧化物酶和溶菌酶等功能乳蛋白含量相对较高，如人乳中乳铁蛋白可达 2 克 / 升，而牛奶中仅为 0.1 克 / 升；三是牛奶中含有一些人体无法吸收、容易引起过敏的乳成分，如 β- 乳球蛋白等。”唐博士详细解释道。

“我明白了，‘人乳化’牛奶就是要将牛奶中的乳清蛋白含量提高，增加一些人乳蛋白成分，同时减少过敏性牛乳蛋白。”小迪说。

“小迪总结得很正确。”唐博士点点头，赞同道。

“但是怎么才能做到呢？”小迪问。

“这需要将一些人乳蛋白基因转入奶牛细胞内，同时利用基因编辑技术将一些过敏性或人类不易消化的牛乳蛋白基因敲除。接下来，将这些经过基因改造的体细胞核与高产奶牛的卵母细胞相融合，获得体细胞克隆胚胎，再移植到代孕母牛体内，就能培育出基因工程奶牛，等这些奶牛进入泌乳期后，就可检测到这些奶牛所产的牛奶中含有丰富的重组人乳蛋白，同时，一些过敏性牛乳蛋白也相应减少或消失了。这些奶牛产奶量很高，每头奶牛每天可产 30 升以上的牛奶，起码可满足 30 个早产儿的营养需要。这样，通过基因工程奶牛，就可以源源不断地生产出‘人乳化’牛奶，不仅能用于保障早产儿的健康，对胃肠道感染或癌症等慢性病患者也多有裨益。”

“原来爸爸研究的奶牛有这么大的用处，我得好好去看看这些能产‘人乳’的神奇奶牛。”

“好，我们回北京就能见到这些神奇的奶牛了，我也很长时间没有见到它们了。”

坐了 5 个多小时的高铁，小迪一家人顺利回到了北京。爸爸的同事丁叔叔开车来接站。唐博士请丁博士直接开车去他们的试验牛场，看看久违的奶牛。如果说家里的小动物们是小迪的小伙伴，那么，这些奶牛则是唐博士的老伙计，他和同事们为此倾注了大量的心血。

由于路上有些拥堵，开车快两个小时后，大家才到达试验牛场。试验牛场在京北郊区的一个大农场里，经过 3 道大门后，大家见到一栋被高大树木环绕的现代化牛舍。进入其中，几十头奶牛分别在整齐排列的牛舍两侧，低头吃着饲养员刚撒下的草料。其中，有一头奶牛偶然抬头，正看见唐博士一行进来，似乎认出了唐博士，“哞哞”地叫了起来，其他奶牛也跟着应和，牛舍里顿时热闹了起来。

“小迪，你看，这头奶牛正是我参与培育的第一代人乳化基因工程奶牛，已经 12 岁了。它的后代已经繁殖到第四代，总数有 100 多头。它和后代所产的牛奶中就含有人乳蛋白。”唐博士伸过手去摸摸这头奶牛的头。

“它们所产的奶中都含有哪些人乳蛋白呢？”小迪问道。

“这些基因工程奶牛所产的奶中主要含有人乳铁蛋白、人 α-乳清白蛋白和人溶菌酶，这些蛋白都是母乳中的重要蛋白质，含量也远远高于牛奶中的同类蛋白，其中，人乳铁蛋白具有促进铁吸收、抗菌、

提高免疫力、预防癌症等多种生理功能；人 α- 乳清白蛋白则含有人体所需的全部必需氨基酸，能促进睡眠和神经发育，与油酸结合后还能杀死引起子宫肌瘤、尖锐湿疣等疾病的乳头状瘤病毒；人溶菌酶也是人乳中重要的防御因子，具有抑菌和增强免疫力等功能。同时，这些奶牛内源性 β- 乳球蛋白、α- 酪蛋白等过敏蛋白的基因都被破坏掉了，也就是说，'人乳化'牛奶中将不再含有这些过敏蛋白。"唐博士介绍道。

"真神奇！通过转入一个人乳蛋白，就能让奶牛分泌出人乳蛋白。'人乳化'牛奶项目是不是要将牛奶的营养成分改造得尽可能地接近人乳呢？"经过一个多月的游学，小迪已经能大概判断出一个科研项目的基本思路。

"是的，下一步我们计划将人乳中一些促进大脑发育的成分加入到牛奶中，如多不饱和脂肪酸。其中就有你小时候经常吃的 DHA（二十二碳六烯酸），这样就能全方位地将牛奶改造接近人类母乳。"唐博士说。

"但是，很多人觉得还是天然的乳汁比较安全。"小迪也知道有一些人由于不了解生物技术，对生物技术改造过的食品心存疑虑。

"的确有很多人存在疑问。不过，我们按照国家的相关规定和国际标准，对'人乳化'牛奶等产品进行了全面的安全评估，这些安全评估都是委托权威检测机构进行的，检测内容包括'人乳化'牛奶会不会引起过敏、会不会对实验动物的遗传性能造成伤害、实验动物食用 1 个月和 3 个月后会不会有中毒反应或其他不良反应。通过严格的检测，不同机构的检测结果都一致证明，含有重组人乳蛋白的'人乳化'牛奶与普通牛奶一样，可以安全食用。从某种意义上说，'人乳化'牛奶甚至更安全，因为'人乳化'牛奶不仅添加了对人体有益的人乳蛋白，这些人乳蛋白人类已经安全食用了几百万年，而且减少了人体易过敏或不易消化的牛乳蛋白，不容易引发过敏或消化不良。"唐博士详细地解释道。

"原来我经常喝这种'人乳化'牛奶呀，好像也没有什么问题。"

小迪之前并不知道自己经常喝的这种高科技牛奶的研发过程这么复杂，只是觉得比一般牛奶要美味一些。

“不仅你喝过，还有很多科学家、记者、大学生都喝过这种‘人乳化’牛奶，很多人都觉得味道很棒，还想长期喝呢！不过这些‘人乳化’牛奶的产量并不高，主要用于实验研究。我们也正在积极申请，希望早日让这种‘人乳化’牛奶能为大家的健康服务。但这并不容易，除了技术问题，还有政策问题，以及公众对生物技术产品的接受度问题。我们相信，随着国人科学素养的提高，将来大多数人会认识到这种高科技创造出来的‘人乳化’牛奶的重要价值。”唐博士知道很多生物技术产品，如基因工程药物，包括基因工程细胞生产的抗体药物，以及基因工程山羊、兔和鸡等生产治疗人类罕见病的重组蛋白药物，已经对人类健康做出重大贡献，因此，他对“人乳化”牛奶的未来也同样充满信心。

尾　声

一个多月的考察就这样结束了，小迪想起了自己的动物小伙伴们。

“丁叔叔，我的小伙伴们怎么样了？没有生病吧？米琪的宝宝都长大了吧？”小迪抛出一大堆问题。

“大家都好着呢！只是它们刚开始看见我不大高兴，好像都很想你呢。不过后来，这些小家伙们都和我成为好朋友了，看见我就高兴地凑过来。”丁博士以前没有照看过这么多小动物，接触几次后，发现这些小家伙都很可爱，也渐渐喜欢上了它们。

回到家，小迪直接冲向动物房。刚一进门，房间内的小猫、小狗、兔子、鸟儿、金鱼都以各自独特的方式欢迎小迪。小迪赶紧把这些小伙伴们挨个儿抱抱亲亲，发现这些小伙伴们都没有什么变化，只是米琪的鼠宝宝都长大了，从粉肉鼠宝宝，变成了身披白色毛发、活泼好动的精灵鼠小弟，正在碎木屑里面钻来钻去，好不自在。小迪看着这些可爱的小伙伴们，高兴极了，和它们愉快地玩了起来。

唐博士则正在书房构思着自己的“神奇动物世界”主题公园考察报告。他要把这一个多月来所看到的各种神奇动物、聪明而敬业的科学家及他们的创新故事都写进自己的报告里。当然，最主要的内容则属“神奇动物世界”主题公园的设计思路。

这时，小迪走了进来，问道：“爸爸，‘神奇动物世界’主题公园什么时候开工？建成后，会是什么样子呢？”

“小迪，你来得正好。你给爸爸出出主意，你眼里的‘神奇动物世界’主题公园应该建成什么样子呢？”

“当然要建成一个既好玩又能学习科学知识的动物园。要把我们这段时间参观的神奇动物都聚集起来，每一种神奇动物建一个馆。”

“但这些动物各有特点，要按什么顺序分类呢？”

“普通动物园会按照不同种类的动物进行分类，但我们这个未来动物园，主要展示高科技动物，我想应该按照功能分类，比如说，第一个馆可以饲养生产医用蛋白的神奇动物；第二个馆可以饲养模仿人类疾病的神奇动物；第三个馆可以饲养为人类提供组织器官的神奇动物；第四个馆则饲养农业用途的神奇动物；等等。总之，我们要将这些神

奇动物的资料用文字、视频等形式展现出来，最好能让观众，特别是青少年朋友们有动手研究的机会。”

“小迪，你这个主意很不错。这个‘神奇动物世界’主题公园不仅仅是一个供人观赏的动物园，也是一个展示前沿科技成果的窗口，更是一个从事前沿科技创新的平台。除了展示神奇的高科技动物外，更重要的是要有能开展高科技动物创制和研究的尖端仪器设备，以及掌握这些前沿科技、从事创新研究的科学家，有了这些，才能源源不断地创造出更加神奇的高科技动物，为人类健康做出更大贡献。”

“我也希望将来能在这个‘神奇动物世界’主题公园工作，和全世界最棒的科学家一道，创造出更多的神奇动物。”

“好呀，爸爸一定支持你！不过要等你完成学业之后，当然，你也可以在学习期间，抽空参观‘神奇动物世界’主题公园，或者做个兼职饲养员或实验员，与这些神奇动物们交朋友，与那些从事科研工作的叔叔阿姨学习前沿生物技术。”

“太好了，我好期待能早日到‘神奇动物世界’主题公园参观呀！”

唐博士也同样很期待。